校园地面气象观测

任咏夏 编著

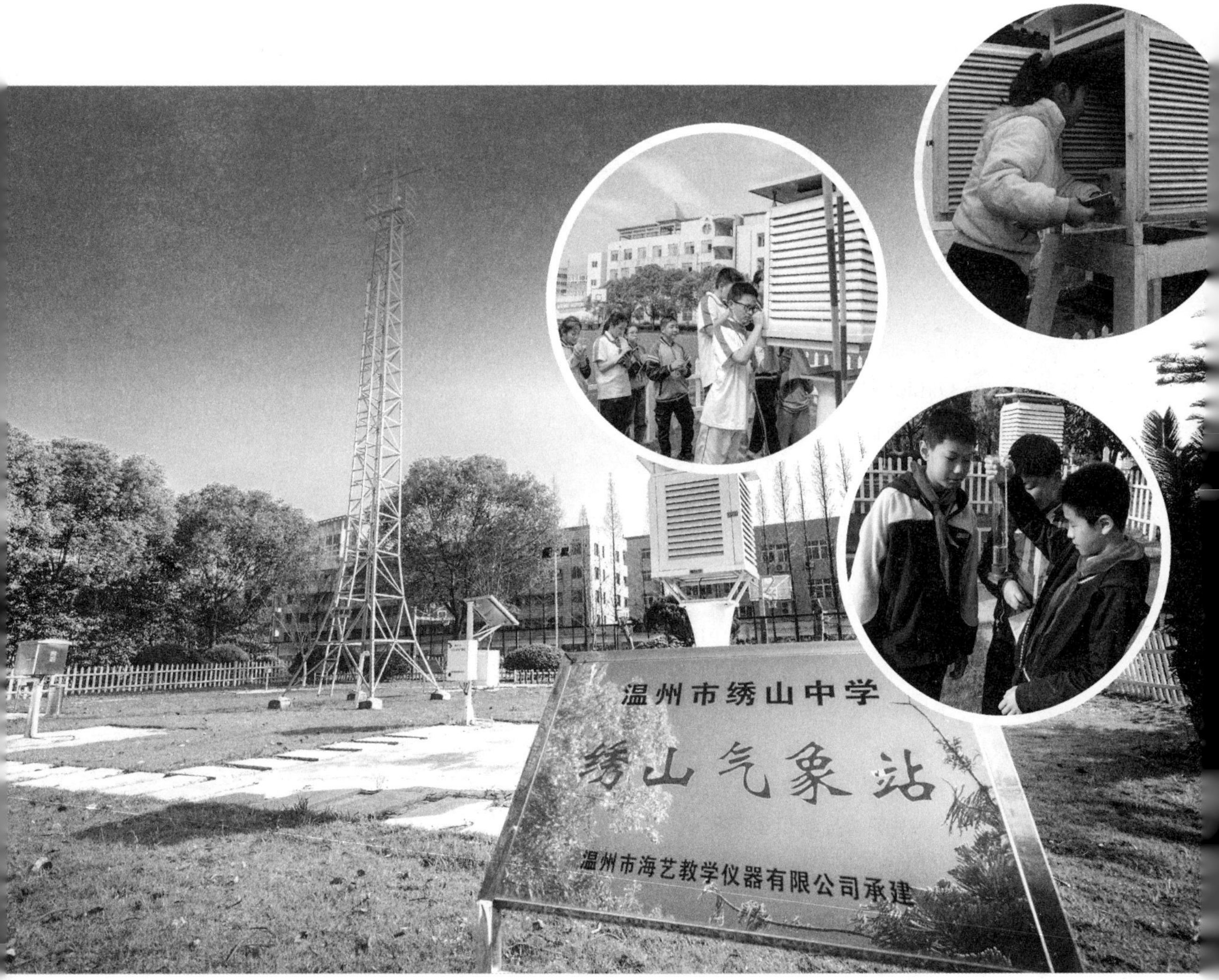

气象出版社
China Meteorological Press

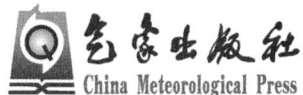

内 容 简 介

全国有数千所中小学校开展气象相关实践内容,其中有几百所是气象特色学校,地面观测是其常规教学内容。本书对中小学校园地面气象站进行了较为全面的介绍,包括校园气象站的基本构成、规章制度、观测时间和顺序等基本情况,还介绍了校园气象人工和自动观测的基础装备、观测工具、观测项目,以及校园气象观测的记录、建档与保存等内容,适合与相关课程和科学实践活动配套使用。本书能够帮助校园气象站的辅导教师解决许多实际问题,填补了专门针对校园气象观测的辅导用书的空白。

图书在版编目(CIP)数据

校园地面气象观测/任咏夏编著. —北京:气象出版社,2020.8
ISBN 978-7-5029-7237-0

Ⅰ. ①校… Ⅱ. ①任… Ⅲ. ①地面观测-气象观测-青少年读物 Ⅳ. ①P412.1-49

中国版本图书馆 CIP 数据核字(2020)第 129447 号

Xiaoyuan Dimian Qixiang Guance

校园地面气象观测

任咏夏 编著

出版发行:气象出版社	
地　　址:北京市海淀区中关村南大街 46 号	邮政编码:100081
电　　话:010-68407112(总编室)　　010-68408042(发行部)	
网　　址:http://www.qxcbs.com	E-mail:qxcbs@cma.gov.cn
责任编辑:胡育峰　王鸿雁	终　　审:吴晓鹏
责任校对:张硕杰	责任技编:赵相宁
封面设计:北京时创广告传媒有限公司	
印　　刷:三河市百盛印装有限公司	
开　　本:787 mm×1092 mm　1/16	印　　张:9
字　　数:120 千字	
版　　次:2020 年 8 月第 1 版	印　　次:2020 年 8 月第 1 次印刷
定　　价:48.00 元	

本书如存在文字不清、漏印以及缺页、倒页、脱页等,请与本社发行部联系调换。

序

　　我们居住的地球表面包裹着一层厚厚的大气。大气随时间千变万化，既给人类营造了生存、生活条件，有时也带来了不便、祸殃甚至灭顶之灾。因此，早在远古的时候，人类为了自身的生存与生活，对大气现象给予高度的关注，并通过自己的双眼和双手对天气、气候、物候现象及其变化进行观察和记录。这就是最原始的气象观测，应该也是人类最早的科学活动。

　　对大自然的观测，包括对天气和气候的观测，丰富了人类对自然的认知，人类自身的发展又推动着社会的进步。人类的气象观测沿着历史演进的轨迹不断前行，最终演化成不受国界局限、少有社会因素干扰、影响范围极为广泛的自然科学实践活动。

　　随着社会和科学技术的进步，气象观测的方式也在不断演进，从人类的自身感受和目测开始，逐渐发展到人工器测、自动传感遥测；观测的技术手段在不断地成熟，从地面人工观测逐步发展到气球无线电探空观测、飞机高空观测、雷达探测、卫星遥感观测；观测的人群在不断地变换，从古代普遍的民间自发观测，发展到当前气象部门有组织的专业观测，未来可能再次部分回归大众。

　　在任何时代，气象观测都不仅仅是一项具体的科学活动，还是一项感受科技魅力、传承科学精神、树立科学观念、增强科学意识、掌握和熟练探究性学习、提高公民素质的人文社会实践。因此，教育部在中小学课本中编入一定量的气象科学知识内容，并颁布必要的气象科学教学仪器配备目录;中国气象局、中国气象学会和地方教育部门倡导在中小学校园中建立校园气象站,辅助地理课中气象知识内容的教学活动,推进大气科学在校园和社区的宣传与普及。

实际上,校园气象站在区域气候特别是城市气候观测和研究中也可以发挥一定的作用。城市具有不同于乡村的鲜明局地气候特征。随着城市的快速发展,越来越多的人有了对了解城市天气、气候影响的需求,这对城市精细化天气预报和气候条件评价提出了很高的要求。但是,目前的城市气候观测站网还不够健全,自动气象站密度较低,观测点代表性不够强,观测记录质量有待提高,对城市气象服务和城市气候研究的支撑作用满足不了不断增长的需要。

每个城市都拥有数所到数百所各类学校。校园气象站建设能够有效弥补当前城市气候观测站网密度低和代表性差的不足。校园具有操场等空旷开阔场地,具备代表不同城市功能区的良好观测环境。开展校园气象站建设,并逐步将其纳入城市气候观测网络,实现观测和资料的统一管理,不仅对气象科学普及和宣传、培养学生科学素养和实践能力有重要意义,而且对城市天气、气候服务和科学研究也具有重要实际意义。

任咏夏老师曾在海军部队气象站担任过多年的地面气象观测员,后又长期从事中小学教学工作。从21世纪初,他就开始关注和研究中小学校园气象科普教育。在十多年的时间里,他行程数万千米,走访考察了二十多个省(自治区、直辖市)的二百多座校园气象站;在各种国家级期刊上发表相关论文数十篇,并著有《中小学校园气象站》等多部科普图书。他参与了多所中小学的气象校本课程开发,多次参加中国科学技术协会和中国气象学会举办的各类气象科普研讨会,兼任数十个校园气象站的顾问或校外辅导员。他对我国中小学校园气象观测和气象科普教育工作具有丰富的经验和深入的了解。

任咏夏老师新编的《校园地面气象观测》一书,详细阐述了具有校园特色的地面气象人工观测和自动观测的设备、原理和技术规范,是一本颇

具出版价值的校园气象科普教育参考读物。我相信本书的出版发行,将有助于我国中小学校园气象科普教育和气象科技活动的开展,为各地少年宫、青少年科技活动中心、科普基地开展气象科技活动提供重要参考,同时也对推动我国高密度城市气候观测网络建设发挥一定作用。

任国玉
2020年5月

[任国玉,国家气候中心首席专家,中国地质大学(武汉)兼职教授]

前　言

　　世界上原本没有气象站,为了能够全面准确地掌握大气变化情况,17世纪中叶,欧洲的科学家们试图建立气象观测站。1653年,在意大利土斯坎大公斐迪南二世的领导下,由西门脱先生操作执行,意大利北部的佛罗伦萨诞生了世界上第一个气象观测站。

　　气象观测站是观测近地面大气变化的基础设施,是为地面气象观测特别建设的场所。为了严密地监测大气变化,为天气预报提供准确的数据,世界上各国纷纷效仿,陆续建立起了大量的气象观测站,在地球表面形成了一张监测天气变化的全球性气象观测网。

　　鸦片战争到"五四"运动前后,我国经过了"洋务运动""戊戌变法"等一系列变革,在教育领域产生了以班级为单位实施教学的新式学校。1902年,清廷颁布了《钦定学校章程》,正式在新式学校中设置了"地理"课程,众多的教育专家编写出多种类型的中小学地理教科书,这些教科书中都有气象科学知识的专门教学单元。后来,气象科学知识教育内容又辐射到语文、数学、物理和化学等课程中。

　　1918年,竺可桢先生从美国学成归来,在东南大学任教,并参与了当时教育部的中小学《地理教学大纲》《地理课程标准》《地理教科书》等的编写工作。

　　1924年,竺可桢先生与一批气象科学家在青岛市郊的浮山所小学等7所小学建立了气象站,并组织学生进行简单气象观测。1925年1月1日,江苏省昆山县立初级中学(现为昆山市第一中学)因理科学习需要,在校园中建立"昆山县立公共实验室测候所",也开始作简单气象观测。从此,气象站就在我国中小学校园中扎下了根,一直延续到今天。

气象站进入中小学校园以后,最初作为地理课程的教学资源建立,后来逐渐发展成学生课外活动项目。新中国成立后,共青团、少先队组织将校园气象观测发展成先进青少年组织的活动项目。1958年至1980年前后,气象部门曾一度将部分校园气象站活动纳入当地气象业务体系。1990年后,教育部门将校园气象站升级为科技教育的平台。进入21世纪,中国气象学会将校园气象站打造成校园气象科普教育的载体。

随着社会历史的发展前进,校园气象站就像一个鲜活的生命一直在我国中小学校园中生根、发展。90多年来,它为我国中小学的学科教育和现代化人才培养立下了汗马功劳,表现出顽强旺盛的生命力,显现了它无可替代的功能与作用。从我国校园气象站发展的现状来看,它是我国中小学学科教育、科技教育、素质教育以及探究性学习最为优秀的载体与平台。

90多年来,不管校园气象站的功能、作用与性质如何演变,地面气象观测一直是其中不变的传统活动内容。而且,气象观测对于培养学生耐心细致的科学态度、坚持不懈的科学精神、掌握和熟练运用科学技术、树立认真严谨的科学意识等都有不可替代的作用。

2003年,自动气象站进入气象业务工作,地面气象人工观测渐渐被气象部门淡化。2020年4月1日起,我国地面气象观测自动化改革从全国试运行切换调整为正式运行。这意味着我国地面气象观测告别人工观测,迈入全面自动化的新时代。原来从事地面气象人工观测业务的工作人员逐步转岗或退休,地面气象人工观测技能逐渐失传;同时地面气象自动观测又是一项新技术,在进入中小学校园以后,还没有有机地融入校园气象科普教育,使校园气象站中的自动气象观测成了一时的瓶颈。

为了将地面气象人工观测技术在我国中小学校园中有效持续地传承,为了使自动气象站的观测技术有机地融入中小学气象科普教育之中,笔者经过深入研究,结合学校教育特点,编写了《校园地面气象观测》一书。

本书共有五章十八节,系统地介绍了中小学校园气象站的基本建设、地面气象人工观测、地面气象自动观测、地面气象观测记录、校园气象站档案的建立与保存等内容。

第一章 中小学校园气象站 阐述了校园气象站的基本构成,校园气象站的规章制度,校园气象站的观测项目、观测时间与观测顺序等。

第二章 校园地面气象人工观测 介绍了校园地面气象人工观测的基本仪器设备、必须配备的观测工具、目测项目的观测方法、器测项目的观测方法等。

第三章 校园地面气象自动观测 介绍了校园自动气象站的基础装备、自动气象站的工作原理、地面气象自动观测的工具和方法。

第四章 校园地面气象观测记录 介绍了校园气象观测小组成员的具体分工、目测和器测项目观测结果的记录、观测资料的整理与统计等。

第五章 校园气象站档案的建立与保存 介绍了校园气象站档案建立的内容、档案的整理和保存等。

《校园地面气象观测》是一本专门阐述中小学地面气象观测的参考书。它既能够帮助广大中小学更好地开展校园地面气象观测,也能为各地少年宫、青少年科技活动中心、气象科普教育基地和各地气象学会帮助中小学开展气象观测活动提供参考。随着气象现代化、观测自动化业务的发展,地面气象观测业务进行了较大的调整,多种观测项目开展了仪器自动观测。中国气象局综合观测司组织整编的《地面气象观测业务技术规定(2016版)》中对部分观测与记录项目进行了调整,部分项目在台站中不再进行观测,但对校园地面气象站仍有科学价值,故在书中用楷体表示。

由于作者知识所限,对中小学地面气象观测技术的掌握还很初步,因此,疏漏、欠妥之处在所难免。希望能得到前辈、专家、同行和广大读者的指正!

任咏夏

2020年6月于浙江温州

目　　录

序

前言

第一章　中小学校园气象站

　第一节　校园气象站的基本构成 ………………………………… 1

　第二节　校园气象站的规章制度 ………………………………… 16

　第三节　校园地面气象观测的项目、时间与顺序 ……………… 19

第二章　校园地面气象人工观测

　第一节　校园地面气象人工观测站的基础装备 ………………… 25

　第二节　校园地面气象人工观测的工具 ………………………… 37

　第三节　地面气象目测项目的观测 ……………………………… 44

　第四节　地面气象器测项目的观测 ……………………………… 66

第三章　校园地面气象自动观测

　第一节　校园自动气象站的基础装备 …………………………… 78

　第二节　校园自动气象站的工作原理 …………………………… 86

　第三节　校园自动气象站日常运转机制设计 …………………… 92

　第四节　校园地面气象自动观测的组织 ………………………… 97

第四章　校园地面气象观测记录 …………………………… 102

第一节　校园气象观测小组成员的分工 ………………………… 103
第二节　地面气象观测目测项目的记录 ………………………… 107
第三节　地面气象观测器测项目的记录 ………………………… 114
第四节　地面气象观测资料的整理与统计 ……………………… 116

第五章　校园气象档案的建立与保存 ………………………… 122

第一节　校园气象档案的内容与分类 …………………………… 122
第二节　校园气象档案的整理 …………………………………… 125
第三节　校园气象档案的保存与管理 …………………………… 127

参考文献 ……………………………………………………………… 129

后记 …………………………………………………………………… 130

第一章　中小学校园气象站

要在中小学校园中实施气象科普教育,就必须开展气象科技活动,必须进行定时地面气象观测,因为气象观测是开展气象科技活动的第一步。

要在校园中进行地面气象观测,就必须建立校园气象站。教育部制定的全日制义务教育《科学(3—6年级)课程标准》第四部分第三节《课程资源的开发与利用》中,明确提出建设教室外的课程资源——气象站;《九年义务教育学科活动指导用书》(初中1—2年级)《地理》第十课中规定要"建立气象观测站"。建立校园气象站虽然是作为中小学学科教学资源建设提出来的,但却是开展气象科普教育必须拥有的平台与载体。

传统的校园气象站是仿照气象部门的人工观测站的类型和模式而建的,这种地面气象人工观测站作为中小学校的气象科普教育基础设施已经生存运转了90多年。2003年以来,自动气象站批量进入气象部门业务系统,同时也进入了中小学校园,使我国的校园气象站取得了一次质的进步与飞跃。

第一节　校园气象站的基本构成

目前,我国校园气象站已经形成了地面气象人工观测站、地面气象自动观测站、地面气象综合观测站和大型校园气象站四大结构格局。其中,人工观测站和自动观测站是这些类型的校园气象站的基础。

一、地面气象人工观测站

地面气象人工观测站是气象部门的工作基础，也是中小学实施气象科普教育和开展气象科技活动的传统设施。它完全是根据气象部门的建站标准，结合学校的具体实际条件建设的。

地面气象人工观测站一般由观测场、气象观测仪器、气象工作室、气象观测点等构成。

1. 观测场

观测场（图1.1）是安装气象观测仪器，对近地面各种气象要素进行测量的特定场所，也是中小学开展气象科技活动的场所。因此，观测场的选址、面积、设置等都十分重要。根据气象部门的相关规定和气象科学的特殊性要求，观测场的建设必须考虑如下因素：

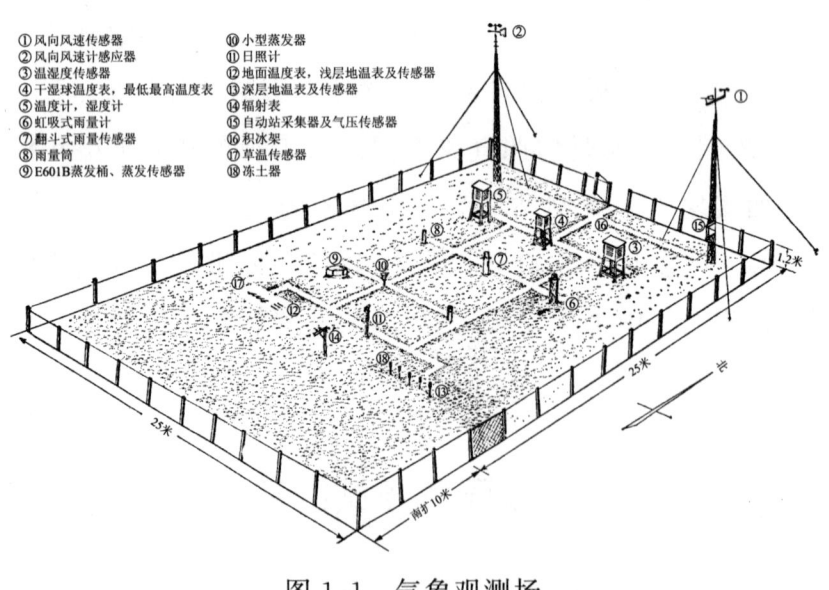

图1.1 气象观测场

（1）观测场的选址

校园气象站观测场应该选择在校园内比较空旷、四周近距离没有高大建筑物或障碍物、通风比较流畅的地方，特别要尽量避开陡坡、洼地、河流、湖泊等有碍气象观测和影响观测场安全的因素。观测场还要避开运动场,特别是各种球类运动场,防止学生在运动时不小心损坏围栏和仪器。

(2)观测场的面积

气象部门的观测场有长25米、宽25米的正方形和长20米(南北向)、宽16米(东西向)的长方形两种规格。校园气象站观测场的大小,如果条件允许,尽量达到气象部门的标准;如果条件不允许,也可以适当缩小,但最小不能小于10米×10米或8米×12米等,如果小于这个面积,就可能影响气象观测仪器的安装。

(3)观测场的位置

观测场的四边要正好朝正南、正北、正东、正西。同时要测定观测场坐落的位置,也就是经度、纬度(精确到分)和海拔高度(精确到0.1米),并把这些数据刻在观测场内固定标志物上。

(4)观测场的设置

观测场场地要平整,不能有高低不平和坑坑洼洼,还要保持有均匀草层。草高不能超过20厘米,要定期割剪养护。如果校园因绿化已经种植花木,1米以下的花木可以保留,1米以上的花木要适当移除。

观测场内还要铺设0.3～0.5米宽的小路(不得用沥青或水泥铺面),观测人员只准在小路上行走;有积雪时,除小路上的积雪可以清除外,应保护场地内其他位置积雪的自然状态。

根据观测场仪器布设位置和线缆铺设需要,要在小路下修建电缆沟(管)等,这些沟(管)应做到防水、防鼠,便于维护。观测场内还必须要有防雷设施,并严格按照气象行业规定的防雷技术标准执行。

观测场的四周必须设置约1.2米高的稀疏围栏,围栏不宜采用反光太强的材料。观测场围栏的门一般开在北面。

2. 气象观测仪器

气象观测仪器是指专门用来测定近地面大气层各种气象要素变化的设备。由于反映天气变化的气象要素很多,各种不同的气象要素需要采用不同的方法与设备来测量,所以就有了多种不同的气象观测仪器。

(1)气象观测仪器的种类

气象观测仪器的种类很多,一般的气象站都配备两大测量体系,一类是自动记录仪器,一类是人工观测仪器,此外,还必须配备相应的附属设备。

自动记录仪器有:双金属温度计、毛发湿度计、气压计、电接风向风速计等。

人工观测仪器有:雨量器、小型蒸发器、空盒气压表、毛发湿度表、日照计、干湿球温度表、最高温度表、最低温度表、地面温度表、曲管地温表等。

附属设备有:风杆、百叶箱、温度表架、日照计底座、蒸发器底座、地温表架等。

(2)气象观测仪器的技术要求

各种气象要素的变化能够反映天气变化状况,要对比各地气象要素变化的不同,就要用相同的方法、统一标准的仪器来测量。因此,气象部门对各种测量气象要素的仪器作出了统一的技术要求,见表1.1。

表1.1 气象要素观测仪器技术要求

项目	仪器名称	技术参数
自动记录仪器	双金属温度计	1. 测量范围:−35～45 ℃ 2. 记录纸最小分格:1 ℃ 3. 钟筒走时精度:日记型　±5分钟/24 小时, 　　周记型　±30分钟/7 天
自动记录仪器	毛发湿度计	1. 测量相对湿度范围:30%～100% 2. 记录相对湿度范围:0～100% 3. 相对湿度最小分格:1% 4. 钟筒走时精度:日记型　±5分钟/24 小时, 　　周记型　±30分钟/7 天

续表

项目	仪器名称	技术参数
自动记录仪器	气压计	1. 测量范围:周围温度为-10～40 ℃时,可测大气压力960～1050百帕(hPa) 2. 气压计的温度系数值不大于±0.13 hPa/℃ 3. 日记型的自记钟在24小时内的行程误差不大于±5分钟,上满弦后一次运行的时间不小于36小时;周记型的自记钟在168小时内的行程误差不大于±30分钟,上满弦后一次运行的时间不小于180小时
自动记录仪器	电接风向风速计	1. 测量范围:风速2～40米/秒、十六方位 2. 起动风速≤1.5米/秒,风速为1.5米/秒时,风向与风向标的交角不大于10°,风速的订正值不大于±(0.5+0.05×风速)米/秒,自记钟24小时误差不超过±10分钟
自动记录仪器	暗筒式日照计	1. 日照记录时间:5:00～19:00 2. 纬度使用范围:0°～60° 3. 记录时间误差:±3分钟 4. 外形尺寸:175毫米×175毫米×130毫米
人工观测仪器与附属设备	最高温度表	1. 测量范围:南方 -16～81 ℃,北方 -36～61 ℃ 2. 分度值:0.5 ℃ 3. 全长:360±10毫米
人工观测仪器与附属设备	最低温度表	1. 测量范围:南方 -52～41 ℃,北方 -62～31 ℃ 2. 分度值:0.5 ℃ 3. 全长:360±10毫米
人工观测仪器与附属设备	干湿球温度表	1. 测量范围:南方 -26～51 ℃,北方 -36～46 ℃ 2. 分度值:0.2 ℃ 3. 全长:415±10毫米
人工观测仪器与附属设备	毛发湿度表	1. 采用人发作为湿度感应元件 2. 湿度测量范围:30%～100% 3. 准确度:±5% 4. 外形尺寸:106毫米×40毫米

续表

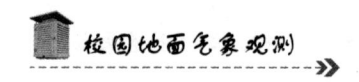

项目	仪器名称	技术参数
人工观测仪器与附属设备	空盒气压表	1. 测量范围:800～1060 百帕 2. 度盘最小分度值:0.5 百帕 3. 质量:≤1.5 千克 4. 尺寸:165 毫米×90 毫米
	雨量器	1. 测量口径:200 毫米 2. 外形尺寸:210 毫米×1030 毫米 3. 材料:不锈钢
	小型蒸发器	1. 口径:200 毫米 2. 外形尺寸:322 毫米×278 毫米 3. 重量:约 1.5 千克,铜制
	地面温度表	1. 测量范围:-36～81 ℃ 2. 分度值:0.5 ℃ 3. 全长:400±10 毫米
	曲管地温表	1. 测量范围:-26～61 ℃ 2. 单支 5 厘米、单支 10 厘米、单支 15 厘米、单支 20 厘米
	百叶箱	1. 材料:玻璃钢,强度≥147 兆帕(MPa),巴氏硬度≥30 毫巴(HBa) 2. 内部尺寸:箱内宽 (470±3)毫米,箱内深 (465±3)毫米,箱内高 (615±5)毫米
	温度表架	530 毫米×230 毫米　2.5 千克
	风杆	主杆以高强度铝合金为材料,高度 10 米,可拆分倾倒,上杆 55 毫米×5 毫米×3500 毫米,中杆 75 毫米×6 毫米×3500 毫米,下杆 110 毫米×5 毫米×4000 毫米,可抗风强度为 75～100 米/秒,并配有底座地脚螺栓、定位板、避雷针、钢丝拉绳、警示杆等

(3)气象观测仪器的布局要求

大部分气象观测仪器都要安装在观测场中,这些仪器在观测场中的分布安排很有讲究,其原则可以归纳为 24 个字:保持距离,互不影响;北高南低,东西成行;靠近小路,便于观测。具体的要求是:

① 高的仪器设施安装在北边,低的仪器设施安装在南边。

② 各仪器设施东西排成行,南北布成列,东西间隔不小于 4 米,南北间隔不小于 3 米,仪器距观测场边缘护栏不小于 3 米。

③ 小路要铺设在紧靠仪器的北边,观测员应从北面接近仪器。

④ 各种仪器的安装参照《仪器安装要求表》执行。

(4)气象观测仪器的安装要求

确定各气象观测仪器在观测场中的分布位置以后,要先用水泥做好基础,然后把仪器固定安装在相应的水泥基础上,安装时,不同的仪器也有不同的要求,具体的要求见表 1.2。

表 1.2　各气象观测仪器位置要求

仪　　器	要求与允许误差范围	基准部位
干湿球温度表	高度 1.50 米,±5 厘米	感应部分中心
最高温度表	高度 1.53 米,±5 厘米	感应部分中心
最低温度表	高度 1.52 米,±5 厘米	感应部分中心
温度计	高度 1.50 米,±5 厘米	感应部分中心
湿度计	在温度计上层横隔板上	
毛发湿度表	上部固定在温度表支架上横梁上	
雨量器	高度 70 厘米,±3 厘米	口缘
小型蒸发器	高度 70 厘米,±3 厘米	口缘
地面温度表	感应部分和表身埋入土中一半,±1 厘米	感应部分中心
地面最高、最低温度表	感应部分和表身埋入土中一半,±1 厘米	感应部分中心

续表

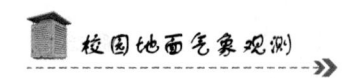

仪　　器	要求与允许误差范围	基准部位
曲管地温表	1. 深度 5 厘米、10 厘米、15 厘米、20 厘米,±1 厘米 2. 倾斜角 45°,±5°	感应部分中心 表身与地面
日照计	1. 高度以便于操作为准 2. 纬度以本站纬度为准,±0.5° 3. 方位正北,±5°	底座南北线
风速器	安装在观测场高 10~12 米	风杯中心
风向器	安装在观测场高 10~12 米 方位正南(北),±5°	风标中心 方位指南(北)杆
空盒气压表	高度以便于操作为准	盒体垂直中线

(5)气象观测仪器的采购要求

由于民间流通着部分测量大气要素的简单仪器,教育设备行业也流通着部分所谓的"气象仪器",这些仪器不都是按照气象部门统一规定的标准要求生产的。为了规范校园气象站的装备,尽可能地接近气象科学要求,使校园气象站的观测结果能够与气象部门的观测结果互相参照对比使用,因此,特对校园气象人工观测站的仪器设备作如下要求:

① 所使用的仪器设备必须是中国气象局许可的生产厂家的产品;需要购买时,可通过省(自治区,直辖市)气象局装备部门购买,或直接向中国气象局特设的气象物资管理处购买。

② 仪器必须满足规定的时间响应速率(仪器时间常数)、测量范围、测量精确度和灵敏度。

③ 仪器性能必须长期保持稳定,标尺或其关系曲线的年变率应低于允许的测量误差。

④ 仪器在不同气候区和不同海拔高度必须都能保持性能良好状态,如在高温、严寒、雨雹、阴湿、干旱和风沙等天气条件下均能正常工作。

⑤ 仪器的规格型号应尽量等同气象部门最新使用的种类。

3. 气象工作室

气象工作室是所有中小学实施气象科学活动场所必设的活动空间，气象部门称之为"观测值班室"；校园气象站称之为气象工作室或气象活动室，是校园气象站重要的组成部分之一。

(1) 工作室的作用

① 气象站内的部分仪器设备必须安装在室内，如：风向风速显示器、风向风速记录器、动槽式水银气压表或空盒气压表、气压计、气象钟等。

② 每天的定时人工观测记录结果数据的整理必须在工作室内完成；建有自动气象站的单位要在工作室内完成观测、记录及数据整理。

③ 存放气象观测专用工具、备品及消耗品、气象观测记录和整理的资料图表，以及有关校园气象站活动过程的计划、总结、实验报告等全部档案资料。

④ 张贴校园气象站的规章制度，简易的气象科普图、表、文等。

(2) 工作室的位置、面积和建设要求

① 校园气象站工作室的位置应尽量靠近观测场，如果条件允许，应选在观测场的北边。

② 工作室的面积应尽量大一些，不得小于12平方米。

③ 室内应有集中控制和分配供电的电源。

④ 室内应有保障人员和仪器设备安全的防雷设施。

(3) 工作室内必备的家具和布局

① 置办工作台2~3张，设4~6个工作位，置放在靠窗光线充足的位置，用来摆放风向风速显示器、记录器、空盒气压表、计算机等，供气象小组成员每天日常工作之用。

② 置办文件柜2个，立于紧靠墙壁处，用于储放档案资料、备品、消耗品、工具等。

③ 使用动槽式水银气压表的学校，还必须在室内一角建一个1~2平方米的气压室，用来安装气压表和摆放气压自记仪器等。

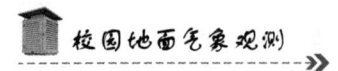

4. 气象观测点

有条件的校园气象站还应该设立一个气象观测点,专门供观测小组目测天气现象和天气要素之用。建立气象观测点有如下要求:

① 观测点要选在与观测场和工作室比较邻近的位置。

② 四周比较空旷,可让观测员展开视野。

③ 观测点的最小面积为:1米×1米,高20厘米。

④ 观测点的中心位置要竖一条2~3米高的不锈钢钢管,管径不小于6厘米,主要用来临时安装轻便气象观测仪器。

二、自动气象站

自动气象站是一种使用自动化仪器设备进行地面气象要素观测的地面气象观测站。目前,自动气象站在世界各国和我国各省(自治区、直辖市)的气象部门得到普遍使用。近年来,自动气象站也在逐步进入我国各地中小学校园。

自动气象站由观测场、仪器设备和工作室三部分构成,对这三部分的建设也有着比较高的要求。

1. 自动气象站观测场

自动气象站观测场是安装室外设备的特定地点,是获取近地面大气中各种气象要素变化信息的专门场所。因此,自动气象站观测场的建设非常重要。

(1)观测场的选址

自动气象站的选址关系到设备获取气象要素变化信息的准确性,因此,在选址时必须把握如下几个要点:

① 地面平坦开阔,气流畅通,避开起伏高低不平的地方。

② 四周没有过高凸出的障碍物。

③ 要避开障碍物的阴影和反光的物体。

④ 要远离污染源,包括电磁波污染源、化学污染源等。

⑤ 要尽量避开陡坡、洼地、河流、湖泊等相关位置。

⑥ 要避开运动场,特别是各种球类运动场,防止学生在运动时影响设备的正常运转,以及不小心损坏围栏和设备。

(2)观测场的面积

自动气象站安装在观测场内的设备不多,因此场地不需要太大,一般10米×10米或10米×8米,甚至还可以8米×6米,在学校条件允许的情况下,尽量扩大观测场的面积。

(3)观测场的位置

观测场的四边要正好朝正南、正北、正东、正西。观测场如果是长方形,应该把边长短的一边设在东西向。同时要测定观测场的位置,也就是经度、纬度(精确到分)和海拔高度(精确到0.1米),并把这些数据刻在观测场内固定标志物上。

(4)观测场的设置

观测场内要栽种草坪,草高不能超过20厘米,要定期割剪养护。如果校园因绿化已经种植花木,1米以下的花木可以保存,1米以上的花木要适当移除。

观测场内可设一条0.3~0.5米宽的小路通向各仪器边缘,除了维护保障人员外,其他人员都不得入内。

观测场内必须要有防雷设施,并严格按照气象行业规定的防雷技术标准执行。

观测场的四周必须设置约1.2米高的稀疏围栏,围栏不宜采用反光太强的材料。观测场围栏的门必须开在北面。

2. 自动气象站的设备

自动气象站的设备,主要是一种能够自动测量、收集、处理、存储和传输近地面大气层中各气象要素变化信息的地面气象自动观测仪器。这些仪器设备经过数十年的考验、改进和发展,已经比较成熟、可靠,使用的范

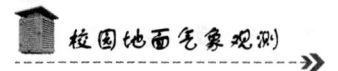

围逐步扩大普遍。

(1)自动气象站的种类

自动气象站的分类比较复杂,从观测要素上可分为:单一要素、两要素、四要素、六要素、九要素等多种类型;根据《自动气象站使用手册》介绍,自动气象站主要有 CAWS600-R(X)型、ZQZ-CⅡ型、ZQZ-A 型、DYYZ-Ⅱ型、HYA-M06 型、HYA-M02 型、DZZ2 型、DWSZ2 型、Milos500 型等主要型号。

校园气象站一般采用六要素的自动气象观测设备,也就是能够自动观测风向、风速、气温、湿度、气压、雨量六个要素的设备,型号可以不限。

(2)自动气象站的技术性能要求

不论是哪种型号的自动气象站设备都必须符合表1.3列出的技术性能要求。

表1.3　自动气象站设备技术性能要求

测量要素	测量范围	分辨率	准确度	平均响应时间	自动采样速率
气温	−50～50 ℃	0.1 ℃	±0.2 ℃	1分	30次/分
相对湿度	0～100%	1%	±4%(≤80%) ±8%(>80%)	1分	30次/分
气压	500～1100 百帕	0.1 百帕	±0.3 百帕	1分	30次/分
风向	0°～360°	3°	±5°	3秒 1分 2分 10分	1次/秒
风速	0～60 米/秒	0.1 米/秒	±(0.5+0.03×风速)米/秒		
降水量	雨强 0～4 毫米/分	0.1 毫米	±0.4 毫米(≤10 毫米) ±4%(>10 毫米)	累计	1次/分

(3)自动气象站的设备布局要求

自动气象站观测场内的仪器布置,以互不影响、互不干扰为原则,具体要求如下:

① 高的仪器安置在北面，低的仪器须顺次安置在南面，南北成列，东西成行。

② 仪器南北间距不小于3米，东西间距不小于4米，仪器距围栏不小于3米。

③ 观测场的门开在北面，仪器安置在紧靠小路的南面，供维护保障人员从北面接近仪器。

④ 观测场内仪器具体布置如图1.2所示。

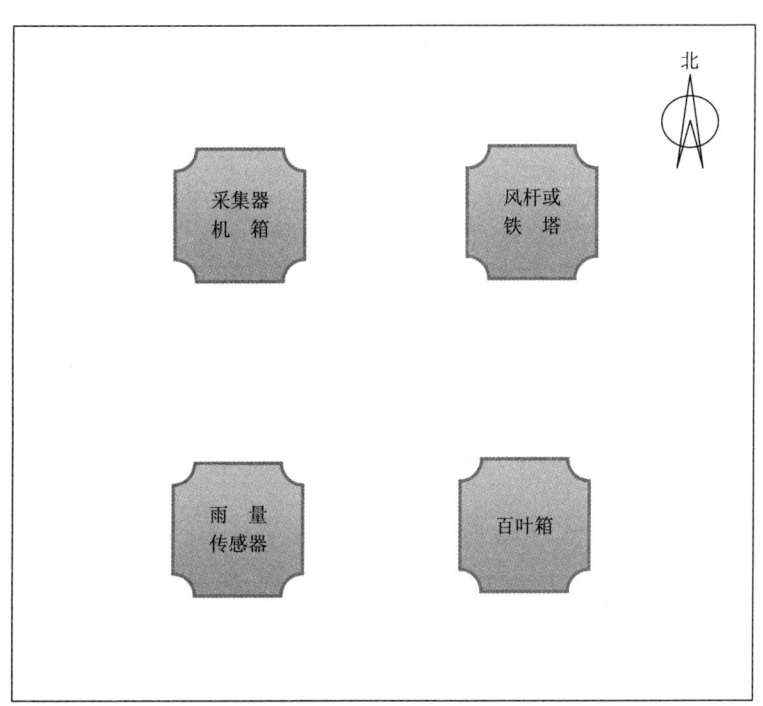

图1.2　自动气象站观测场仪器位置

(4) 自动气象站的安装要求

自动气象站中的自动化科学仪器，它的安装要有三道程序，一是要做设备附属件的基础，用水泥把风杆、百叶箱、雨量传感器、机箱立杆等的底座进行预埋；二是待水泥凝固结实后，把风杆、百叶箱、雨量传感器、机箱立柱安装在各基础上；三是把各种传感器安装在指定的设备附件上。各传感器安装的位置如下：

① 风向风速传感器安装在东边的风杆顶上。

② 温、湿传感器安装在东边的大百叶箱内。

③ 雨量传感器安装在指定的位置上。

④ 气压传感器安装在采集器机箱内。

⑤ 各传感器安装的高度及其他要求见表1.4。

⑥ 学校必须拥有或申请一个独立的IP地址,还要购买一张手机卡。

表1.4 自动气象站传感器安装高度及其他要求

仪器	要求与允许误差范围	基准部位
温度传感器	百叶箱内高度1.5米,±5厘米	感应部分中心
湿度传感器	百叶箱内高度1.5米,±5厘米	感应部分中心
雨量传感器	仪器自身高度	
风速传感器	安装在观测场高10～12米处	风杯中心
风向传感器	与风速传感器同高,把风向标对准正北	
气压传感器	仪器自身高度	

(5)自动气象站的采购要求

自动气象站是可以组网的,目前中国气象学会科普部和中国气象局气象宣传与科普中心正在筹划将全国的校园气象站联网,组成一张覆盖全国的校园气象网。必须采用国家气象部门普遍使用的型号的仪器设备才可以入网。因此,校园自动气象站对仪器设备的采购也有较高的要求:

① 必须选用持有中国气象局颁发的"气象专用技术装备使用许可证"(图1.3)的生产厂家的产品。目前持证的厂家有:中国华云技术开发公司、北京京华创升达高科技发展中心、天津气象仪器厂、江苏无线电科学研究所有限公司、长春气象仪器厂等单位。

② 根据中国气象学会评选"全国气象科普教育基地——示范校园气象站"的标准要求,选用采购的仪器设备应具备六要素以上采集功能。

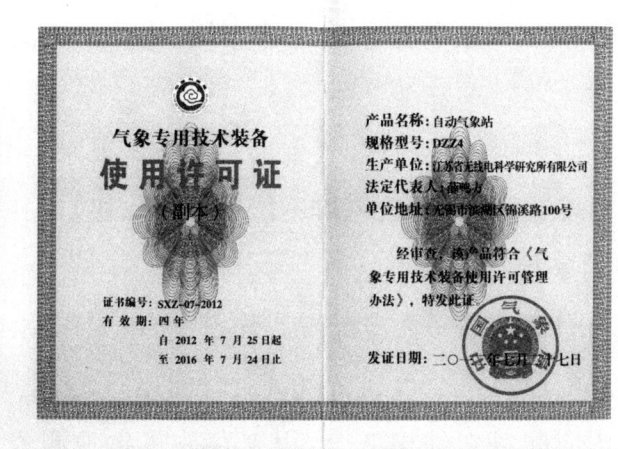

图 1.3　气象专用技术装备使用许可证

③ 所选的型号应该是气象部门使用最普遍、最新型的产品。

3. 自动气象站工作室

气象工作室是校园自动气象站的重要组成部分,由于省略了室外人工观测的环节,所有工作都必须在工作室内完成,因此对工作室也有特殊的要求。

(1)工作室的功能作用

工作室作为校园气象站的主要场所,容纳参与学校气象科技活动的师生,在这里完成每天的定时气象观测、观测数据的记录与整理。同时还可以在这里进行探究性学习活动,以及开展气象科学知识的普及学习。

(2)工作室的位置、面积和建设要求

① 校园自动气象站工作室的位置可以根据学校的可能条件进行选用,如果有可能,离观测场稍近为好。

② 校园自动气象站的工作室面积应不小于 20 平方米。

③ 室内应进行简单装修,尽量采用瓷砖铺地,置铝合金门窗和深色窗帘。

④ 室内应有220V±10%、50赫兹(Hz)的交流电电源,以及多个电源插座,供照明、计算机、网络服务器等电器之用,线路的安装应符合供电部门的要求。

⑤ 室内应有防雷设施,应符合气象部门的技术要求。

⑥ 室内可以安装空调,但吹风口不能正对工作机。

(3)工作室的家具与布局

① 工作室内靠窗户的一面应配置工作台2台,工作位4个以上。

② 工作台上配计算机2台、收音机(对时间用)1台、打印机1台。

③ 工作室内应配备文件柜2个,用来存放气象观测资料、各种备品,以及书籍、计划书、实验报告等档案资料。

第二节 校园气象站的规章制度

俗话说,没有规矩不成方圆。所谓"规矩"就是人们在做任何事情时都必须遵循的法则、规程和标准。通俗地说,就是限制、规范工作与行为的规章制度。

规章制度是一个组织、单位或特定机构制定的,用书面形式表达并以一定方式公示的非针对个别事务处理的规范性文件的总称。规章制度是用来保障组织、单位或特定机构运作过程的程序化、规范化,提高运作结果的科学性和先进性,有效地防止任意性和盲目性的工具。

我国专业气象台站在长期的运作过程中已经形成了一整套行之有效的相当严密、严格的规章制度。正是因为有了一系列的规章制度,确保了我国气象台站长年累月地正常运行,促进了我国气象事业和气象科学的飞速发展。

中小学校园气象站的工作,虽然不像专业气象台站的工作那样严格、严密,但科学是非常严肃的。从培养学生的科学态度、科学精神和科学技能等角度出发,也应该制定符合气象科学工作运作规律的规章制度,用来保障校园气象站运转的严密性、严肃性、规范性和科学性。因此,制定中小学校园气象站的规章制度也是一项非常重要的工作。

制定校园气象站的规章制度,首先必须遵循气象科学的普遍规律与特性;其次要有所借鉴;另外,还要根据中小学气象科普教育的具体特点,来思考规章制度制定的方法、范围、角度等。

校园气象站需要制定的规章制度很多,其中比较重要的有《校园气象站工作制度》《地面气象观测制度》和《观测员守则》等。现将这三个制度加以整理,供大家参考。

校园气象站工作制度

为了保障校园气象站的正常运转,并在常规运转中得到促进与发展,经过本站全体成员集体讨论,特订立如下各种制度:

一、责任制度

1. 站长在辅导员的指导下,负责校园气象站常规运转的全面工作;

2. 副站长协助站长工作,并负责带领各年级段气象小组积极参加各项活动;

3. 组长负责带领本小组成员积极完成日常工作任务;

4. 所有成员必须积极参加各项活动,认真完成各项日常工作任务。

二、学习制度

1. 定期组织学习气象科学知识;

2. 定期组织学习和训练气象观测技术;

3. 定期开展气象科技探究活动。

三、会议制度

1. 学期开始、期中和期末必须召开校园气象站全体成员会议;

2. 学期开始宣布本学期工作计划,并提出相关要求;

3. 期中回顾工作,检查不足,褒扬成绩;

4. 期末进行全面工作总结。

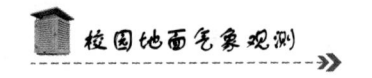

四、奖惩制度

1. 制定奖励和处分制度；

2. 对于工作出色的成员进行精神或物质奖励；

3. 对妨碍校园气象站工作的行为或事例进行批评教育。

地面气象观测制度

一、观测制度

1. 观测成员分成若干小组，每小组3～5人；

2. 严格按照公布的次序轮流进行观测；

3. 严格遵守气象观测的有关规定完成观测；

4. 完成观测数据的正确记录、整理与统计。

二、值班制度

1. 轮到观测即为值班；

2. 值班时要认真核对上一班的全部观测记录，并填写值班日记；

3. 保护和保持仪器的正常运转；

4. 保持值班室整洁和室内用品的整齐、清洁；

5. 时刻关注天气变化。

三、交接班制度

1. 交班时必须严肃认真；

2. 当面做好"三交接"：

① 仪器、设备、工具；

② 观测记录簿；

③ 本班天气状况和特点。

观测员守则

为了保证气象观测活动的正常进行，根据实际情况制定了《观测员守则》，本守则是经过全体观测员认真讨论而制定的，是衡量一个观测员工作质量的准则。

1. 观测员在每次观测前,必须事先巡视全部仪器;

2. 观测员进入观测场时,只许携带观测簿和有关表册,禁止将玩具或其他物品带入观测场内;

3. 严格遵守观测时间,不早测、不迟测;

4. 按照规定程序进行观测,不得任意变动,不得漏测;

5. 在进行观测时,只能记载自己亲眼观测到的数据和情况,绝对禁止估计、揣测;

6. 爱护观测记录,保持整齐、清洁,不涂改,不弄脏;

7. 观测员在值班时,应及时记录天气现象,如:雨、大风、雪、露等;

8. 观测员对观测场内的仪器设备要注意维护,使其保持良好状态;

9. 在工作室内不得大声喧哗或玩笑打闹;

10. 有自动气象站的学校,观测员不得用专用电脑上网或玩游戏;

11. 时刻保持工作室内的环境卫生,定期清扫;

12. 观测员应该随时注意云和天气的变化。

第三节　校园地面气象观测的项目、时间与顺序

地面气象观测是气象观测中开始最早、最普遍的一类。在气象仪器发明使用之前,地面气象观测全是凭着人眼与人体感觉,对风、云以及自然界大气层中的各种可见现象,如冷、热、干、湿等大气状况进行观察和判定的。在气象仪器发明问世、逐步使用的基础上,17—18世纪,欧洲各国就开始陆续组建了地面气象观测站。到了19世纪末,随着通信网络技术的发展,基本上建成了系统的地面气象观测台站网。而后,由于各种气象仪器的不断创制,各种新技术在气象仪器的制造、改进上的应用,使常规的地面气象观测逐渐向自动化遥测的方向发展。

中小学中的气象观测，还是以地面气象观测为基础进行。各校也可以根据自己学校所处的地理位置、周边环境情况，以及要研究的课题方向与课程内容需要，进行气候观测、专业观测和专项观测。

地面气象观测历来都是以人工观测为主要方式进行的，人工观测又包括了人工目测和人工器测两种方式。

一、地面气象观测的项目

观测项目就是对气象要素的观测。为了对地球大气进行科学研究和掌握大气变化态势，人们就必须对能够反映大气状况的物理现象和过程的一些物理量进行测量，并综合研究它们的基本特征和变化状况，对天气变化的现状和未来发展作出判断。这些反映大气基本特征及变化规律的物理量就是气象要素。

在这些主要的气象要素中，有的表示大气的性质，如气压、气温和湿度；有的表示空气的运动状况，如风向、风速；有的本身就是大气中发生的一些现象，如云、雾、雨、雪、雷电等。当然，气象要素还有很多。一般来说，观测的气象要素选择得愈多，就愈能客观地了解和掌握大气的各种状况。

根据世界气象组织的规定，基本天气观测的项目为：气压（包括3小时气压变化倾向和特性）、气温（包括测时气温和日最高、最低气温）、湿度、云况（云量、云状、云高）、风向、风速、水平能见度、降水量和其他天气现象等。各国气象台站的地面气象观测都是按照上述规定的项目进行的。

中小学校园地面气象观测也应该以上述规定的观测项目为基础，根据学校仪器配备的情况和课题研究的方向来确定具体的观测项目。中小学校园气象站必须观测的项目大致有：

① 云——观测时，天空云的云状、云量和云高。

② 能见度——是指具有正常视力的人在当时的天气条件下还能够看

清楚目标轮廓的最大水平距离。能见度和当时的天气情况密切相关。当出现降水、雾、霾、沙尘等天气过程时,大气透明度较低,能见度较差。

③ 天气现象——是指发生在大气中或地面上的物理现象。包括降水、地面凝结、视程障碍、雷电和其他现象等。

④ 气温——是表示空气的冷暖程度,观测时包括干球温度、湿球温度、最高气温和最低气温。

⑤ 湿度——表示空气中水汽的含量和潮湿程度。

⑥ 风向——指风吹来的方向。

⑦ 风速——指风在单位时间内空气移动的水平距离。

⑧ 气压——指作用在单位面积上的大气压力,也可以说是延伸到大气上界空气柱在近地面单位面积的重量。

⑨ 降水量——是指在某一段时间内,降到地面未被蒸发、渗透、流失的情况下,在水平面上积累的深度。

⑩ 蒸发量——是指在一定口径器皿中,在一定时间内因蒸发失去水层的深度。

⑪ 日照——是指太阳在某一地实际照射的时间。

⑫ 地温——是指裸露地面土壤的温度,包括最高、最低和草面温度,以及地面浅层(距地面 5 厘米、10 厘米、15 厘米和 20 厘米深度)温度。

二、地面气象观测的时间

世界各国的地面气象观测都是以基本天气观测为基础进行的。按照世界气象组织的统一规定,基本天气观测中的人工观测为每天 4 次,观测的时间为世界时的 00 时、06 时、12 时和 18 时。我国各气象台站的观测时间是按照北京时统一进行的。根据时差换算,世界时的观测时间相当于北京时的 08 时、14 时、20 时和 02 时。

中小学校园的地面气象观测,应该采用气象部门统一规定的基本天气观测时间和次数,也就是在每天的 08 时、14 时、20 时和 02 时进行。但校园气象站是无人值守观测站,尤其是夜间学生无法进行观测。针对这种情况,夜间的观测没有办法进行,但白天的08时和14时必须观测。不过,有的学校刚好在08时和14时是上课时间,那么,可以把观测时间提前0.5小时,也就是在07时30分和13时30分开始观测,但观测的记录仍然记到08时和14时栏目中,而且每天提前的时间必须相同,不能有时早些,有时迟些。

目前,国内许多中小学的校园气象站大都采用自动记录仪器上的记录数据,经过订正后补记的方法来保持每天4次观测记录的完整。这种方法是符合气象科学要求的。

按照我国气象部门的规定:配备自动观测气象仪器的台站,每天要观测24次,即每小时的正点都要进行一次观测。中小学校园的自动气象观测,从每天17时放学后到第二天早上的07时上学以前的这段时间也是无法观测和记录,但同样可以采用自动气象仪器的记录数据来进行补记,以保持气象观测记录的完整,观测补记的时间也要规定在每天的08时和14时,观测记录本也要特别设计。

为了使所有气象台站观测的数据有可比性,各气象台站的观测必须统一时间进行,因此气象部门对时制、日界和对时都有相当严格的要求。中国气象局的《地面气象观测规范》规定:

① 人工器测日照采用真太阳时,自动观测日照采用地方平均太阳时,其余观测项目均采用北京时。

② 人工器测日照以日落为日界,自动观测日照以地方平均太阳时24时为日界,其余观测项目均以北京时20时为日界。

③ 台站观测时钟采用北京时。使用自动气象站的地面气象观测站以自动气象站采集器的内部时钟为观测时钟;采集器与计算机每小时自动对时一次,保持两者时钟同步;值班员每天19时正点检查屏幕显示的采集器时钟,当与电台报时的北京时相差大于30秒时,在正点后按自动气象站操作手册规定的操作方法调整采集器的内部时钟,保证误差在30秒之内。

未使用自动气象站的地面气象观测站,观测用钟表要每日19时对时,保证误差在30秒之内。

对地面气象观测的时间作统一规定,主要是为在天气分析时,运用各地同一时间测得的大气要素数据的对比中,获知大气变化的态势,进而对大气未来的发展趋势作出判断。同时也为气象科学研究积累宝贵资料。因此,在气象观测中必须严格遵循观测时间。校园气象站的气象观测也不例外。

三、地面气象观测的程序

所谓程序,就是顺序和次序。做任何事情都必须循序渐进,气象观测众多的项目不可能同时进行,必须安排一定的次序逐项进行。中国气象局颁布的《地面气象观测规范》对地面气象观测中的人工观测方式和自动观测方式的各观测项目规定了具体详细的观测程序。中小学校园气象站有自己的特殊条件,现进行简单调整,供全国中小学校园气象站在进行气象观测时共同遵循执行,详见表1.5和表1.6。

表1.5 校园气象站人工观测项目观测程序建议

观测时间	观测项目	说明
正点前30分	巡视观测场和仪器设备,尤其注意湿球温度表球部的湿润状况,及时做好湿球溶冰等准备工作	1. 日照在日落后换纸,换其他自记纸的时间调整为每天的14时 2. 降水观测调整为每天的08时和16时 3. 蒸发观测调整为每天的16时 4. 气压的观测时间应尽量接近正点 5. 全站的观测程序必须统一,不得随便变动
正点前45~60分	观测云、能见度、温度(包括干湿球温度、最高气温、最低气温)、湿度、风向、风速、气压、地温等	
其他时间	天气现象连续观测	

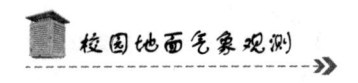

表1.6 校园自动气象站的观测程序建议

观测时间	观测项目	说明
每日日出后和日落前	巡视观测场和仪器设备	1.降水观测调整为每天的08时和16时 2.蒸发观测调整为每天的16时 3.气压的观测时间应尽量接近正点 4.全站的观测项目和程序必须统一,不得随便变动
正点前约10分钟	查看显示的自动观测实时数据是否正常	
00分	进行正点数据采样	
00～01分	完成自动观测项目的观测,并显示正点定时观测数据,发现有缺测或异常时及时按规定处理	
01～03分	向计算机内录入人工观测数据	

第二章　校园地面气象人工观测

　　人工利用气象仪器和目力,对靠近地面大气层的气象要素值和自由大气中的一些现象进行系统的、连续的测定,称为地面气象人工观测。地面气象人工观测既是气象科学最基础的科学活动,也是一种观察与测量方法和手段的科学技术。

　　自1653年世界上诞生第一个气象观测站以来,人们一直是利用地面气象人工观测的科学数据进行气象科研活动的,可以说,地面气象人工观测是一种传承了数百年的传统科学技术。这种科学技术在自身的发展成熟过程中,不但促进了气象科学的发展与进步,而且还成就了无数历史上的气象科学家。

　　气象站进入我国中小学校园已经有90多年的历史。一直以来,各地的中小学校园气象站都是沿袭气象部门的地面气象人工观测技术开展校园气象观测和各种气象科技活动的。90多年来,已经促成了无数青少年的进步与成长,为国家培养了大量的栋梁之材。

　　目前,虽然气象科学已经发展到非常现代化的程度,但校园中的地面气象人工观测技术与活动还必须继续传承,因为这对青少年学生的全面素质提高和促进身心发展具有极大的作用。

第一节　校园地面气象人工观测站的基础装备

　　地面气象人工观测分为目测和器测两种,目测凭人的眼睛去观察判断,而器测则需要规定品种的气象科学特定的气象观测仪器,也就是地面气象人工观测站的基础装备。这些装备必须满足风、气温、湿度、气压、降水、蒸发、地温、日照等气象要素的测量,中小学中的校园气象站也必须拥有。

一、测量风向、风速的仪器

对"风"进行测量是人类最早的气象科学活动,也是现代气象科学必须进行的观测项目之一。测量"风"的仪器是气象科学发展史上最早发明与使用的仪器。虽然科学的发展不断地改变了它们的形态与特性,并为它们增添了遥测与传导功能,使测量的结果更加精确,但它们的工作原理却一直没有改变。这里介绍近几十年来气象站广泛使用的测量"风"的仪器——EL型电接风向风速计。

EL型电接风向风速计既能长期、连续不断地记录全天候的风向、风速,也能准确地显示即时的风向、风速,是一种比较先进的数字化遥测有线气象装备仪器。

EL型电接风向风速计由电感应器、指示器和记录器三部分组成。

(1)感应器

感应器(图2.1)的上部为风速部分,由风杯、交流发电机、蜗轮等组成;感应器的下部为风向部分,是由风标、风向方位块、导电环、接触簧片等组成。

感应器用一长电缆和指示器相连,指示器与记录器之间用短电缆相接。

感应器必须安装在室外高度为10～12米高的风杆或气象测风塔上。

风杆(图2.2)采用防腐蚀、抗风能力强的铝钛合金材料制成,表面采用白红交接的油漆涂抹,放倒式设计,规格有3米、6米和10米等。

气象测风塔(图2.3)以高碳角钢为材料,表面热镀锌,由底座、塔柱、横杆、斜杆、风速仪支架、避雷针等构成,四角,高10米,可抗8级地震,裹冰5～10毫米,可抗最大风60米/秒,适宜温度为−45～45 ℃,使用寿命35年。

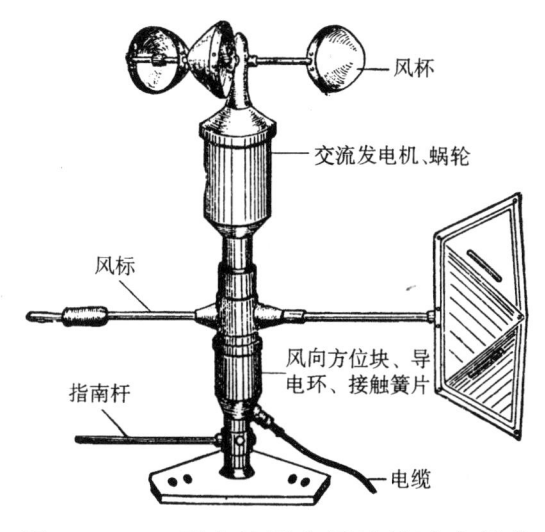

图 2.1　EL 型电接风向风速计感应部分

图 2.2　风杆 　　　　　　图 2.3　测风塔

（2）指示器

指示器(图 2.4)放在室内桌子上,用来观测瞬时风向和瞬时风速。它由电源、瞬时风向指示盘、瞬时风速指示盘等组成。

（3）记录器

记录器(图 2.5)也置于室内,用来记录风向、风速连续变化。它是由 8 个风向电磁铁、1 个风速电磁铁、自记钟、自记笔、笔挡、充放电线路等部分

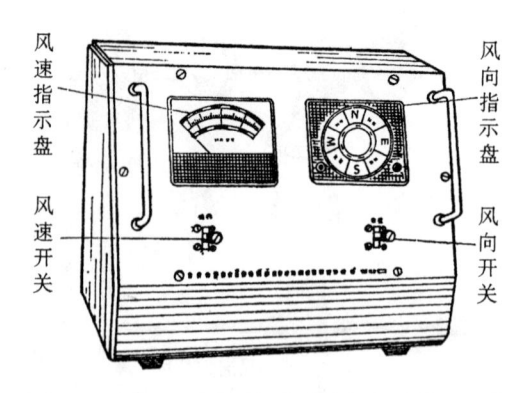

图 2.4　EL 型电接风向风速计指示器

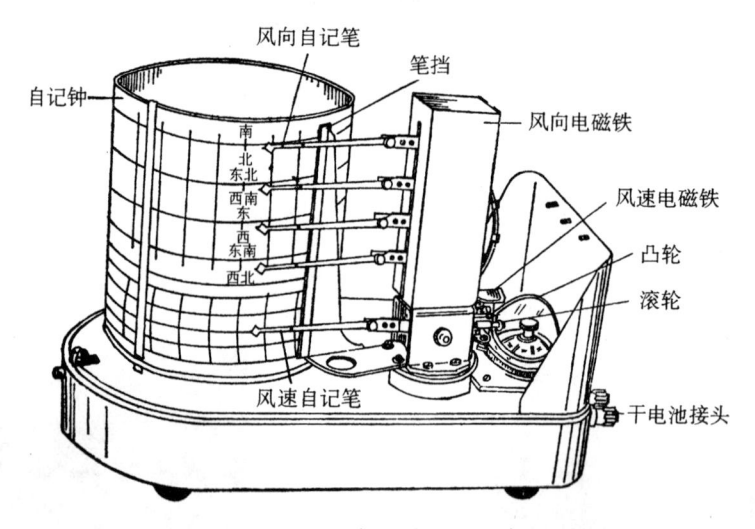

图 2.5　EL 型电接风向风速计记录器

组成。不过,一般的校园气象站可以不用配备。

二、测量降水量的仪器

对降水进行测量也是人类较早的气象科学活动。我国宋代的科学家发明了世界上最早的雨量器。南宋数学家秦九韶在《数学九章》中具体介绍了世界上最早的雨量测量方法。历史事实证明:我国雨量器的发明与使用早出了欧洲整整两个世纪。

降水一直是气象台站重要的观测项目之一。目前,国内外气象台站使用的测量降水的仪器很多,这里对其中使用历史比较悠久、使用范围比较广泛的雨量器进行简单的介绍。

雨量器(图2.6)是气象台站测量在某一时段内液体和固体降水总量的仪器,包括雨量筒和量杯两大部分。雨量筒是一个金属圆筒,圆筒的筒口有一定的承水面积,安装在观测场内指定位置的固定架子上。当有降水时,筒内就积聚一定深度的降水,再进行精确的测定,即得降水量。

雨量筒主要由承水器、储水瓶和储水筒组成。承水器口为圆形,口缘镶有铜圈,以防止筒口变形;铜圈上缘口呈内直外斜的刀刃形,以防雨水溅失。承水器可自下部储水筒上取下,在储水筒内放一个玻璃储水瓶,以收集雨水。冬季降雪时,将漏斗换成承雪口,并将玻璃储水瓶拿走,直接用储水筒容纳降水。承雪口的直径和高度与漏斗一样。

雨量器的规格型号比较多,它们是以承水器的大小来区分的。目前常用的承水器口直径有200毫米、112.8毫米和80毫米等几种规格。我国气象台站统一采用的承水器口直径为200毫米。

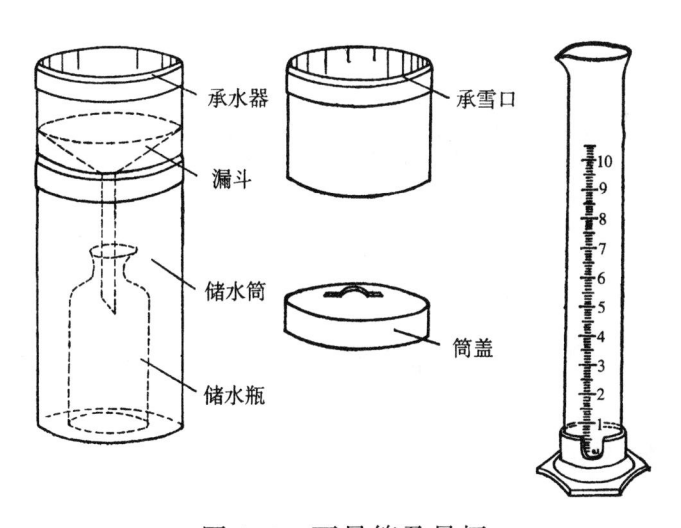

图2.6 雨量筒及量杯

量杯为一特制的有刻度的玻璃杯,其口径和刻度与雨量筒的口径成一定的比例关系。量杯上有100分度,每一分度等于雨量筒内水深0.1毫米(即量杯上一分相当于降水量0.1毫米)。

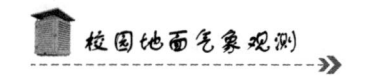

三、测量气压的仪器

气压是影响大气变化的重要因素。因此,对气压进行测量也是气象观测的重要项目之一。目前,气象台站测量气压一般采用水银气压表、气压计、空盒气压表三种仪器。中小学校园气象站建议采用空盒气压表,这里作简单介绍。

空盒气压表使用弹性金属做成的薄膜空盒作为感应元件,以空盒弹力与大气压力相平衡,并将大气压力转换成空盒的弹性移位,通过杠杆和传动机构带动指针。当指针向顺时针方向偏转时,就指示出气压升高的变化量,反之,指示出气压降低的变化量。当空盒的弹性应力与大气压力平衡时,指针就停止不动。指针所指示的气压值就是当时的大气压力。

根据世界气象组织的要求,空盒气压表必须符合下列要求:

(1)必须有温度补偿措施以减少温度的影响。在此基础上,当温度变化 30 ℃时,空盒气压表的读数变化量不应超过 0.5 百帕。

(2)空盒气压表标尺上任何一点的标尺修订值不应超过±0.5 百帕,而且至少保持 1 年。

(3)当气压变化 50 百帕后又回到原状时,空盒气压表读数的滞差不应超过 0.5 百帕。

(4)在经过正常移动之后,空盒气压表仍符合上述各项要求。

四、测量气温的仪器

气温即空气温度,是衡量空气冷热程度的物理量,表示空气分子运动平均动能的大小,国际上标准气温度量单位是摄氏度(℃)。气温是关联天气变化的重要因素,也是气象台站观测的重要要素。

测量气温的仪器很多,有玻璃温度表、双金属温度计、铂电阻温度传感器、热敏电阻温度表、温差电偶温度表等,其中应用最广泛、最普遍的是玻璃温度表,因此建议校园气象站也采用玻璃温度表。

玻璃温度表由感应和示度两部分组成,感应部分是一个充满水银的玻璃球,与感应部分相连的示度部分是一端封闭、粗细均匀的玻璃毛细管,玻璃毛细管上有表示气温高低的刻度。由于玻璃球内的水银热胀系数远大于玻璃,因此毛细管中的水银柱会随温度变化而升降。常用的玻璃温度表有最高温度表、最低温度表和干湿球温度表四支。

1. 干湿球温度表

干湿球温度表(图 2.7)是两支同样的气象用温度表,其中一支温度表的球部用脱脂细纱布包裹,纱布的末端浸在盛水的容器里,由于纱布的吸水作用,使球部周围经常处于湿润状态,这支温度表称为湿球温度表。湿球温度也称热力学湿球温度,它是湿球温度表所测得的空气温度,是标定空气相对湿度的一种手段。气温由干球温度表测定。

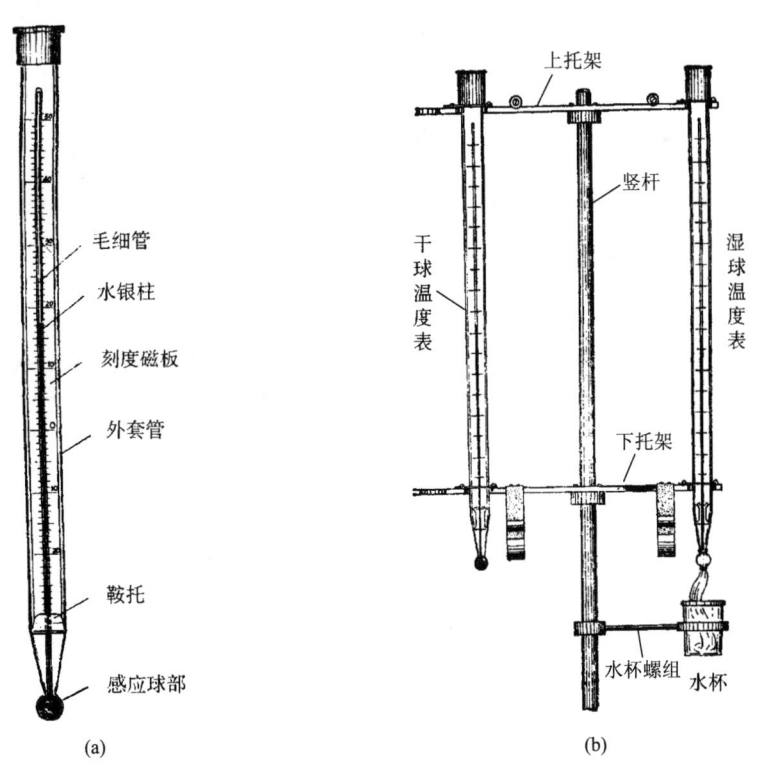

图 2.7 干球温度表结构(a)及安装干湿球温度表的温度表架(b)

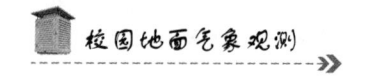

2. 最高温度表

最高温度表(图 2.8)是测定一定时段内最高气温的温度表。其构造特点是在温度表的球部和细管的连通处特别狭窄。升温时,球部水银体积膨胀,通过狭窄处上升;降温时,球部水银体积收缩,狭窄处水银柱断裂,细管内的水银柱留在原处,顶端示度即为该时段的最高气温。

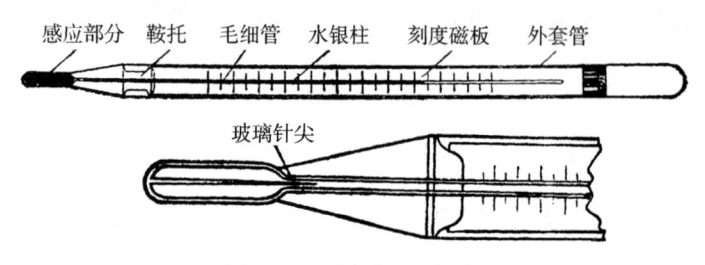

图 2.8 最高温度表

3. 最低温度表

最低温度表(图 2.9)是测定一定时段内最低气温的温度表。它的感应液是酒精,温度表的毛细管内有一哑铃形游标。当温度下降时,酒精柱便相应下降,由于酒精柱顶端表面张力作用,带动游标下降;当温度上升时,酒精膨胀,酒精柱经过游标周围慢慢上升,而游标仍停在原来位置上,因此它能指示上次调整以来这段时间内的最低气温。

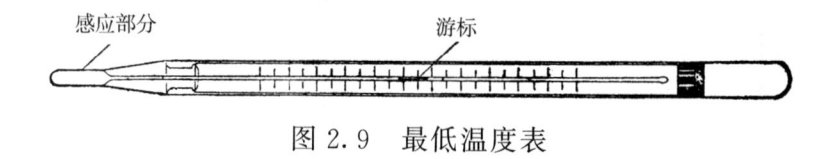

图 2.9 最低温度表

测量气温的温度表和测量湿度的毛发湿度计都必须安装在百叶箱内。

4. 百叶箱

百叶箱是所有气象站的必备装备,是一个既使仪器免受太阳直接辐射,又能保持适当通风的白色百叶式箱体(图 2.10)。

百叶箱通常以玻璃钢为材料,由箱体、立柱和链接铁件三部分组成。箱体的内部尺寸是:高 615 毫米、宽 470 毫米、深 465 毫米。其四壁由两层薄的玻璃钢板条组成,外层百叶条向内倾斜,内层百叶条向外倾斜,百叶条与水平的交角为45°。箱底由三块木板组成,每块宽110毫米,中间的一块木板比边上两块稍高一些,箱顶有两层。这样的结构,使得百叶箱内具有很好的通风性能,同时又使箱内仪器免受太阳直接照射和雨雪的影响,有效地保障了空气温度和湿度观测数据的代表性。百叶箱内外都是白色,可以将投射在百叶箱上的阳光基本上都反射掉。

图 2.10　百叶箱

百叶箱安装在观测场中的特定位置,箱内安置测量气温和湿度的仪器。

5. 温度表架

温度表架(图 2.7(b))以普通钢材为材料,由底座、竖杆、上托架、下托架、水杯螺组、水杯等构成,是百叶箱内的专用装置。

温度表架的底座固定在百叶箱的木板上,垂直固定着竖杆,上托架固定在竖杆的上端,上托架的两端有两个圆孔,用作垂直安装干湿球温度表用,干球温度表在左,湿球温度表在右,上托架上有两颗螺钉,用来作固定安装毛发湿度计之用。

下托架上有两个圆孔,用来固定干湿球温度表,还有两组弧形钩,上组钩置放最高温度表,下组钩置放最低温度表。

下托架的下方还有水杯螺组,可以置放润湿湿球纱布的水杯。

按照规定安装在百叶箱内的有温度表架,测量气温的干湿球温度表,最高最低温度表,测量湿度的毛发湿度表。

五、测量湿度的仪器

湿度是表示大气干燥程度的物理量,也就是说在一定的温度条件下,在一定体积的空气里含有的水汽量。空气中含有的水汽量越低,则空气越干燥;水汽越多,则空气越潮湿。空气的干湿程度叫作"湿度"。

空气的干湿程度,在许多应用和研究领域都有重要的用途:在大气学、气象学和气候学中它是一个重要物量理;在水文学、医学、生物学以及农业、林业、建筑业,各行业的生产、储存等各方面都是一个重要参考指标。

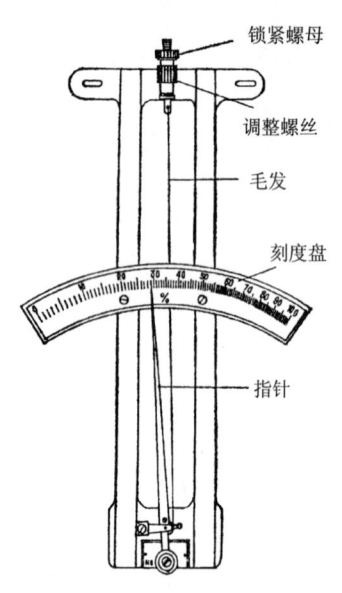

然而,空气的干湿程度,人眼是看不出来的,必须使用一定的仪器来测量。我国早在东汉时期就发明了测湿仪器。目前使用的测湿仪器很多,除了干湿球温度表外,普遍使用的首推毛发湿度表(图2.11)。

毛发湿度表是利用脱脂人发长度随空气湿度变化的性能而制成的能显示相对湿度的一种湿度表。

用一根长约22厘米的脱脂人发作为感应元件,毛发在重锤的作用下,始终处于拉紧状态。当空气湿度增大时,毛发因吸湿而伸长,固定在曲柄上的球状重锤便下移,带动指针轴和指针顺时针偏转,相对湿度示值增大;当空气湿度减小时,吸附在毛发上的水蒸发,毛发缩短,指针反时针偏转,相对湿度示值变小。

图2.11 毛发湿度表

毛发湿度表也安装在百叶箱内的温度表架上。

六、测量蒸发的仪器

水从液态变为气态的相变过程叫蒸发,从土壤表面或自由水面因蒸发而失去的水量,称为蒸发量,蒸发量是可以量化测定的。蒸发量的测定对农业生产和水文工作非常重要,在雨量稀少、地下水源及流入径流水量不多的地区,如果蒸发量过大,就极易发生干旱。因此,蒸发量也是气象站观测的重要项目之一。测定蒸发量的仪器也很多,其中小型蒸发器是气象台站及校园气象站普遍使用的仪器。

小型蒸发器(图2.12)是以铜或不锈钢为材料,制成圆桶形容器,口径20厘米,深10厘米,开口处尖锐如刃,形同雨量器;器外套一向外弯曲、以金属为材质的栅网,以防鸟类窃饮器内之水。

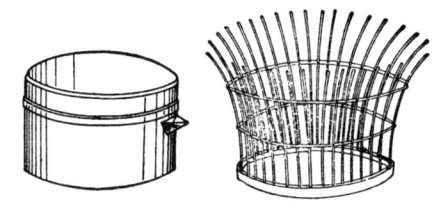

图2.12　小型蒸发器与防鸟罩

七、测量地温的仪器

土壤表层的温度称为地面温度,地面以下土壤中的温度称为地中温度,地表和地中温度合称为地温。地温对于植物种子发芽、幼苗生长、根系活动和发育有着直接而重要的影响,所以也成为气象站观测的重要项目之一。

测量地面温度一般采用地面温度表(又称0厘米温度表)和地面最高、最低温度表,测量地中温度一般采用曲管地温表。

地面温度表、地面最高和最低温度表的构造和原理,与测定空气温度用的温度表类似,其安装方式为:水平地安放在观测场中央偏东的地面,按0厘米、最低、最高的顺序由北向南平行排列。感应部分向东,并使其位于南北向的一条直线上,表间相隔约5厘米;感应部分及表身,一半埋入土中,与土壤密贴,不留空隙,一半露出地面,保持干净,如图2.13所示。曲管地温表的构造是感应球部与表身成135°角连接,四支成套,安装在地面最低温度表西边约20厘米处,按5厘米、10厘米、15厘米和20厘米深度顺序由东向西排列,感应部分向北,表间相隔约10厘米;表身与地面成45°夹角,各表表身应沿东西向排齐,露出地面的表身须用叉形支架支住,如图2.14所示。

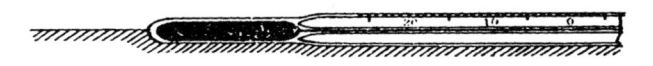

图2.13　地面温度表安装示意图

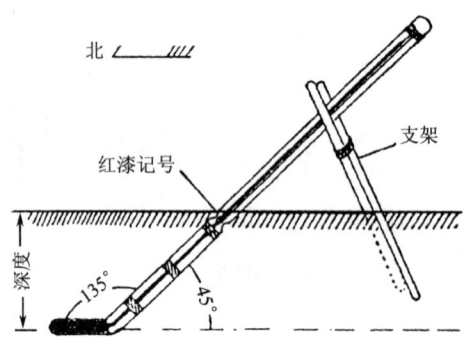

图 2.14　曲管地温表安装示意图

八、测量日照的仪器

日照在气象上是指能使地上物体投射出清晰阴影的直接辐射。测量的日照时数指太阳在一地实际照射的时数。日照与白昼长度、云量和地形等条件有关。日照用暗筒式日照计来测定，记录一天中太阳直接辐照度达到 120 瓦/米^2 的时间。

暗筒式日照计又称乔唐式日照计，上部是一个黄铜做的圈筒，两边各穿一小孔。两孔距离的角度为 120°，前后孔错开，筒口有盖，如图 2.15 所示。

气象观测仪器是测量大气中各要素数值的基本工具。运用气象观测仪器对大气中各要素进行测量是大气科学研究和气象服务所必须采取的手段。

上述所介绍的气象仪器是校园气象站的一般基础装备。中小学中的地面气象人工观测是一种科学探究的方法与途径，是通过对气象科学知识的学

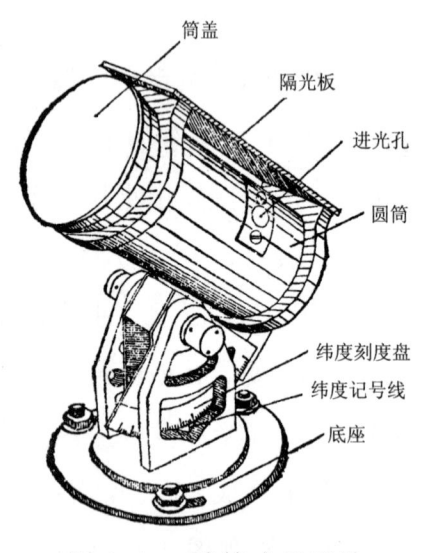

图 2.15　暗筒式日照计

习和气象科学技术技能的训练,使学生了解科学理论和懂得科学原理,从而培养了他们的科学观念、科学态度、科学方法,提高他们的科学思维能力。

第二节　校园地面气象人工观测的工具

气象观测是气象科学的基础工作。在一系列的气象观测工作中,不管是目测还是器测,除了指定的气象仪器外,还必须借助许多气象观测工具。

气象观测工具不是仪器,是气象观测人员用来完成气象观测的物件。这些工具可以分为配置和制作两大类,是专业气象站和中小学校园气象站都必须配置和不可或缺的工具。

一、配置的气象观测工具

所谓配置的气象观测工具,指的是专业气象站和中小学校园气象站都无法自行制作,必须从社会相关专业制造单位购置的工具。这些必置的工具有如下几种:

1. 气象观测时钟

同一时区内的所有气象台站在进行气象观测时,都必须在统一规定的时间内进行同一项目的气象观测。为了确保观测时间的准确和统一,所有气象台站都必须配置一台专用的气象观测计时钟表。

中国气象局颁布的《地面气象观测规范》规定:未配备自动气象站的气象台站必须配置专用气象观测计时钟表,所有钟表保证误差在30秒以内,每天19时统一对时。

传统的气象台站使用的观测计时钟表,都采用精确度比较高的机械式座钟。目前,这种机械式座钟已经淡出历史舞台,因此可以采用电子式

图 2.16　气象观测计时钟表

图 2.17　《地面气象观测规范》

时钟。但必须要求精确度较高,保证 24 小时误差在 30 秒以内。中小学校园气象站虽然不是专业气象台站,但也必须严格遵守《地面气象观测规范》的规定,配置精确度较高的气象观测计时钟表(图 2.16)。

2.《地面气象观测规范》

《地面气象观测规范》(图 2.17)是中国气象局制定并颁发的,由气象出版社出版,专门对从事地面气象观测工作所作出的业务规则和技术规定,是全国所有气象台站的气象观测工作都必须严格遵守、统一执行的技术标准文本。

我国地面气象观测技术规则的统一编制与颁发始于 20 世纪 30 年代。1928 年,中央研究院气象研究所成立,在竺可桢先生的领导下,就已经组织专家研究讨论、编制并印发了统一的技术规范。新中国成立后,中央气象局于 1954 年 1 月编制印发了第一本全国统一的《气象观测暂行规范·地面部分》;1964 年 10 月,修订颁发了《地面气象观测规范》;1979 年 12 月又修订颁发了第三版《地面气象观测规范》;20 多年后的 2003 年,中国气象局在 1979 年版《地面气象观测规范》的基础上,根据我国气象科学和气象事业发展现状,补充增加了大量新的观测项目、新的气象仪器使用等技术规程内容。

新版《地面气象观测规范》是我国所有气象台站都必须配置的气象观测工具,也是各中小学校园气象站必须配置的气象观测工具。

3.《校园气象站地面气象观测记录簿》

气象数据记录是地面气象观测后必须进行的一项重要工作,是气象档案形成的核心,是气象科学研究的历史佐证。我国是世界上最早有气象记录的国家,早在公元前17世纪至公元前11世纪,商朝就出现了最简单的气象记录。

气象记录需要特定的记录工具,我国气象台站有国家气象局统一制定的《地面气象观测记录簿》(气簿—1),而全国所有的校园气象站却没有专用的观测记录簿。2015年10月,气象出版社专门为校园气象站设计出版了一种《校园气象站地面气象观测记录簿》(图2.18),为全国校园气象站正规化建设提供了技术支持。

图2.18 《校园气象站地面气象观测记录簿》

4.《中国云图》

云的形状、高度和云在天空的分布量等宏观特征与天气变化有着极为密切的关系。人类对气象科学认识与经验的积累,最早就是对云与天气变化关系的直接观察。历史的前进和气象科学本身的发展,尤其是16-18世纪,大量气象仪器的发明、问世与使用,使气象观测有了从目测到器测、从定性测定到定量测定的转变和发展。然而,对于云的观测,虽经几千年的气象科学发展历史,但至今仍是采用目测的方法进行。

不过,从人们长期对云的研究历史来看,已经从对云进行分类、对各类云进行简单的文字描述和形象绘画,发展到今天使用现代摄影技术制作出图文并茂的云图,也是不可忽视的光辉成就。

我国早在汉代以前就曾出现过云图,以后的历朝历代也都有对云进行描述的记载。新中国成立以后到20世纪80年代,我国曾出版过10多个版本的云图。1972年5月,中央气象局在整合多种版本云图的基础上出版了一部精装本的《中国云图》;1984年,国家气象局对旧版云图进行了修订增幅,又出版了一部精装本的《中国云图》;2004年,中国气象局又对旧版云图进行了大幅度修改,增加了大量的新照片,重新编辑出版了一部新的《中国云图》(图 2.19)。新版《中国云图》代表了我国对云研究的成果,体现了我国对云研究的最高水平。

在气象观测业务中,《中国云图》是判定云状的参照依据,是积累和传承观云测天经验的宝典,是完善和规范观云测天方法的范本。因此,专业的气象台站必须配置,各中小学校园气象站也必须配置。

图 2.19 《中国云图》

5.《看云识天气》

天上的云异彩纷呈,所对应的天气也多种多样。通过对云的观测,能够在一定程度上实现对天气变化的预测。《看云识天气》(图 2.20)一书让青少年在欣赏云图的过程中认识云雨天气。全书共六章,第一、二章综合介绍了云的形成、特征及分类;第三、四、五章具体介绍了 3 族 10 属 29 类云,以具有典型特征的 87 张云图照片,配以简要的语言,对云相对应的天气进行说明;第六章介绍了 12 种常见的天气现象。作者试图通过这样的介绍,帮助中小学生学会和掌握对天气变化发展的预测与判断,从而使他们了解和获取更多的气象科学知识及相关的科学原理。

图 2.20 《看云识天气》

6.《看图识天气》

天气现象素来都是自然界最美丽的可视景观,它既能让人一饱眼福,又能给人海量的气象科学知识。但这种景观不像自然风景和人文风景一样长期存在,它会在一定的时间内消亡,因此有人留影珍藏,有人捕捉瞬间的美与人共赏。气象出版社的编辑和作者们,精心选取了 16 种天气现象的典型美图,附以简练精美的文字,解说了这些天气现象的形成过程与天气变化的密切关系,以及形成的灾害等,集结成《看图识天气》(图 2.21)一书,向广大中小学生展示天气现象及其变化的场景,传递科学原理,让他们通过对这些图片的识别与记忆,学会并掌握天气变化的规律。这也是中小学生开展气象科技探究活动的必备工具。

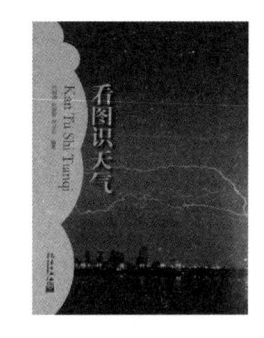

图 2.21 《看图识天气》

7.《湿度查算表》

空气湿度是表征大气物理状态的一个要素,是气象台站最基本的测定项目之一。气象台站和校园气象站都采用干湿球温度表对空气湿度进行测定,然后用观测到的干湿球温度,通过《湿度查算表》(图 2.22)查取湿度。

1970 年以前,我国的气象台站统一参考和采用美国和苏联版本的《湿度查算表》。1980 年,我国气象部门专家根据我国情况,测定了干湿表系数 A 值,编制并出版了新的《湿度查算表》。该本查算表是以最新测定的、精度较高的 A 值,并选取世界气象组织推荐的精度较高、较新的有关公式和物理常数编制而成,是我国气象台站必备的工具之一。

图 2.22 《温度查算表》

8. 墨镜

墨镜又叫太阳镜(图 2.23),能够阻挡部分太阳光线,使佩戴者在强日光下仍能够直视很多事物,保护室外活动人员的眼睛。在强烈阳光下进行云、能见度、天空的观测必须佩戴墨镜。

图 2.23 太阳镜

墨镜可分为颜色墨镜、镀膜墨镜、变色眼镜、水晶镜片等,镜片有粉色、灰色、绿色、棕色、黄色等。气象观测应选用镀膜墨镜,因为镀膜墨镜是在玻璃镜片上镀一层金属薄膜,依靠镜片对太阳光的反射来保护眼睛,在墨镜的颜色上应选择灰色。

9. 专用剪刀

剪刀(图 2.24)是一种能够切割布、纸、线、绳等片状或条状物体的双刃工具,两刃交错,可以开合。

气象站所配备的剪刀虽然只是用来剪制包裹湿球的纱布,但必须非常

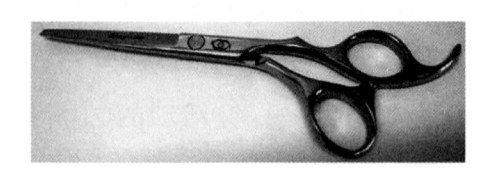

图 2.24 剪刀

锋利,而且还不能作他用,因此在选购时也很有讲究。按照传统,中国当代著名的剪刀,当数北京的"王麻子"和杭州的"张小泉"剪刀,有"北王南张"之称,是"中华老字号"产品。张小泉剪刀有着"三百年历史,三百年信誉",更被誉为"剪刀之冠"。我们在选购剪刀时尽可能注重一下品牌。

10. 雨衣

我们在进行气象观测的时候,常常会遇到下雨天,但观测工作不能耽误,观测的时间不能耽误,因此,气象站必须准备3~5件雨衣。

雨衣(图 2.25)是由防水面料制成的挡雨衣服。目前,社会上流行的雨衣种类很多,用来制作的材料也各不相同。

图 2.25 雨衣

雨衣按制作材料来分,有胶布雨衣、塑料薄膜雨衣、防雨布雨衣等,按制作的款式来分,有风衣式雨衣、两截式雨衣等。

为了方便观测工作,建议校园气象站购置用防雨布制作的雨衣,这种雨衣比较轻便透气。从款式上考究,建议选用有袖的风衣式雨衣。

11. 铅笔

铅笔(图 2.26)是一种木杆内包含有石墨芯的笔,笔的两端可见物质芯(有的一端带有橡皮)。用铅笔书写的文字是永不褪色的,所以历来气

象站里的观测记录都是使用铅笔的。

图 2.26 铅笔

铅笔芯有硬度,硬度在笔杆上有标识。根据不同硬度等级,由软至硬分别用 9B、8B、7B、6B、5B、4B、3B、2B、B、HB、F、H、2H、3H、4H、5H、6H、7H、8H、9H、10H 等符号来表示。铅笔芯的硬度标识中,"H"表示硬质铅笔,"H"前的数字越大,表示笔芯越硬,颜色越淡;"B"表示软质铅笔,"B"前面的数字越大,表示笔芯越软,颜色越黑。"HB"表示软硬适中的铅笔,"F"表示硬度在 HB 和 H 之间的铅笔。

H 类铅笔适合用于界面相对较硬或明确的物体,比如木工划线、野外绘图等;HB 类铅笔笔芯硬度适中,适合一般情况下的书写或打轮廓用;B 类铅笔笔芯相对较软,适合绘画,也可用于填涂一些机器可识别的卡片。

铅笔在气象站中是专门作观测记录用的,一般建议选用 2B、B、HB 等硬度的铅笔。

除上述外,专业气象台站和中小学校园气象站还必须配置《地面气象记录月报表》(气表—1)、《地面气象记录年报表》(气表—21),这两个表是用来逐月或逐年登记、统计累月或累年的气象观测资料的。

二、制作的气象观测工具

制作的气象观测工具是社会相关单位无法生产制造的,必须是本站技术人员根据本站的实际情况而制作、供本站气象观测时用的物件。制作的气象观测工具主要有能见度目标物分布图(图 2.27)。

能见度的观测是专业气象台站的必要项目,也是中小学校园气象站的必要观测项目。能见度测定的关键是目力视线的水平距离,要相对准确地判定能见度的水平距离,就必须绘制一幅能使白天、黑夜进行能见度观测时都能起到辅助判断的目标物分布图。该图在建站初始就要绘制完成,其绘制方法与要求,必须参照《地面气象观测规范》第 17 页中的有关步

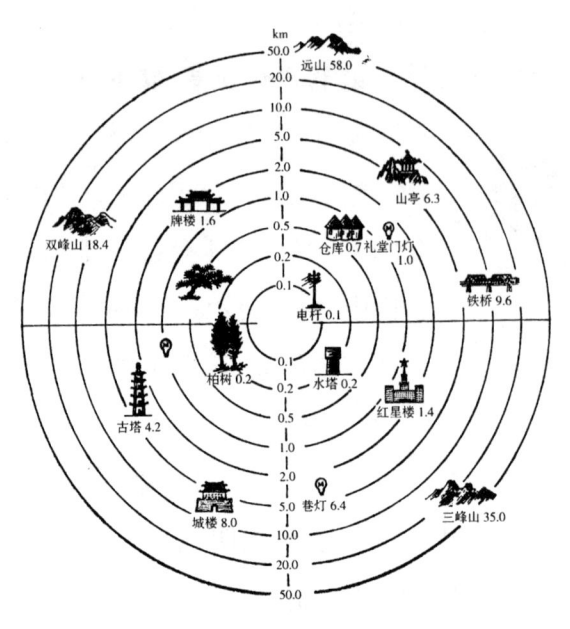

图2.27　某气象站能见度观测目标距离方位分布示意

骤与规定。

此外，中小学校园气象站还要制作的如：风力等级表、天气现象符号表、云状符号表以及突发灾害性天气预警信号等。

配置和制作的气象观测工具，是专业气象台站和中小学校园气象站必不可少的物件。尤其是中小学校园气象站，在配备了相关气象仪器的基础上，又配置了这些必备的气象观测工具，就能使所开展的气象科技活动更具科学性和先进性。

第三节　地面气象目测项目的观测

目测就是不借助任何仪器设备，直接用裸眼观测。目测天象是我国古代先民最古老最传统的科学活动，他们把这种观天而得到的"情报"，作为办事的依据。历史记录与民间传说中的许多智者，从鬼谷子、姜尚、张良到诸葛亮、邵雍、刘伯温等，都是精于观天象测风云的高手。

在气象仪器陆续问世的近现代，乃至气象卫星飞天的当今高科技时代,虽然专业的气象台站可以满足所有气象要素的器测,但校园气象站却还有一些气象要素观测项目仍然需要目测,诸如云、能见度、天气现象等。

一、云的观测

云是大气中水汽凝结或凝华所形成的,它是小水滴或冰晶微粒或两者混合或雨滴、冰、雪粒等在空中悬浮的可见聚合体。它在空中出现时的外形、数量、分布、移动与变化都标志着当时大气中的各种物理状况。云的形成、演变与天气变化有着极为密切的关系。因此,对云进行观测,可以间接地了解空中气象要素变化和大气运动的状况,对天气预报起到很大的作用。

《地面气象观测规范》规定,对云的观测主要包括:判定云状、估计云量和测定云高。中国气象局综合观测司 2016 年 2 月发布的《地面气象观测业务规定》中要求基准站、基本站观测云量、云高,不观测云状,云高前不记录云属;一般站不进行云的观测。

现仍将云状等信息作为资料列在此处。

1. 判定云状

判定云状是对云进行观测的首要工作,要对云状作出准确的判定,就必须对云的分类、各类云的特征以及云状的判定方法有清楚全面的了解和熟练的掌握。

(1)云的分类

天空中的云千姿百态、变幻无穷,不同形态的云预示着不同的天气;不断变化的云也预示着天气演变的趋势。因此,要对云状作出准确的判定,必须首先了解和掌握云的分类。

对云进行分类就是根据云的特征和形成过程将云进行区分归类。1956 年世界气象组织公布了国际云图分类体系。我国以世界气象组织的分类为基础,根据云的基本外形,分为 3 族 10 属 29 类。现将中国气象局

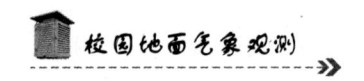

颁布的《地面气象观测规范》中的云状分类表摘录如下,见表 2.1。

表 2.1 云状分类

云族	云属		云类	
	学名	简写	学名	简写
低云	积云	Cu	淡积云	Cu hum
			碎积云	Fc
			浓积云	Cu cong
	积雨云	Cb	秃积雨云	Cb calv
			鬃积雨云	Cb cap
	层积云	Sc	透光层积云	Sc tra
			蔽光层积云	Sc op
			积云性层积云	Sc cug
			堡状层积云	Sc cast
			荚状层积云	Sc lent
	层云	St	层云	St
			碎层云	Fs
	雨层云	Ns	雨层云	Ns
			碎雨云	Fn
中云	高层云	As	透光高层云	As tra
			蔽光高层云	As op
	高积云	Ac	透光高积云	Ac tra
			蔽光高积云	Ac op
			荚状高积云	Ac lent
			积云性高积云	Ac cug
			絮状高积云	Ac flo
			堡状高积云	Ac cast
高云	卷云	Ci	毛卷云	Ci fil
			密卷云	Ci dens
			伪卷云	Ci not
			钩卷云	Ci unc
	卷层云	Cs	毛卷层云	Cs fil
			薄幕卷层云	Cs nebu
	卷积云	Cc	卷积云	Cc

(2)各类云的特征

了解了云的分类,还要掌握各类云的特征。《地面气象观测规范》中对各类云的特征有比较详细准确的描述,现也摘录于下:

① 积云(Cu)——垂直向上发展的、顶部呈圆弧形或圆拱形重叠凸起,而底部几乎是水平的云块。云体边界分明。

如果积云和太阳处在相反的位置上,云的中部比隆起的边缘要明亮;反之,如果处在同一侧,云的中部显得黝黑但边缘带着鲜明的金黄色;如果光从旁边照映着积云,云体明暗就特别明显。

积云是由气块上升、水汽凝结而成。

淡积云(Cu hum)——扁平的积云,垂直发展不盛,水平宽度大于垂直厚度。在阳光下呈白色,厚的云块中部有淡影,晴天常见。

碎积云(Fc)——破碎的不规则的积云块(片),个体不大,形状多变。

浓积云(Cu cong)——浓厚的积云,顶部呈重叠的圆弧形凸起,很像花椰菜;垂直发展旺盛时,个体臃肿、高耸,在阳光下边缘白而明亮。有时可产生阵性降水。

② 积雨云(Cb)——云体浓厚庞大,垂直发展极盛,远看很像耸立的高山。云顶由冰晶组成,有白色毛丝般光泽的丝缕结构,常呈铁砧状或马鬃状。云底阴暗混乱,起伏明显,有时呈悬球状结构。

积雨云常产生雷暴、阵雨(雪),或有雨(雪)幡下垂。有时产生飑或降冰雹。云底偶有龙卷产生。

秃积雨云(Cb calv)——浓积云发展到鬃积雨云的过渡阶段,花椰菜形的轮廓渐渐变得模糊,顶部开始冻结,形成白色毛丝般的冰晶结构。

秃积雨云存在的时间一般比较短。

鬃积雨云(Cb cap)——积雨云发展的成熟阶段,云顶有明显的白色毛丝般的冰晶结构,多呈马鬃状或砧状。

③ 层积云(Sc)——团块、薄片或条形云组成的云群或云层,常成行、成群或波状排列。云块个体都相当大,其视宽度角多数大于5°(相当于一

· 47 ·

臂距离处三指的视宽度)。云层有时满布全天,有时分布稀疏,常呈灰色、灰白色,常有若干部分比较阴暗。

层积云有时可降雨、雪,通常量较小。

层积云除直接生成外,也可由高积云、层云、雨层云演变而来,或由积云、积雨云扩展或平衍而成。

透光层积云(Sc tra)——云层厚度变化很大,云块之间有明显的缝隙;即使无缝隙,大部分云块边缘也比较明亮。

蔽光层积云(Sc op)——阴暗的大条形云轴或团块组成的连续云层,无缝隙,云层底部有明显的起伏,有时不一定满布全天。

积云性层积云(Sc cug)——由积云、积雨云因上面有稳定气层而扩展或云顶下塌平衍而成的层积云,多呈灰色条状,顶部常有积云特征。

在傍晚,积云性层积云有时也可以不经过积云阶段直接形成。

堡状层积云(Sc cast)——垂直发展的积云形的云块,并列在一线上,有一个共同的底边,顶部凸起明显,远处看去好像城堡。

荚状层积云(Sc lent)——中间厚、边缘薄,形似豆荚、梭子状的云条,个体分明,分离散处。

④ 层云(St)——低而均匀的云层,像雾,但不接地,呈灰色或灰白色。

层云除直接生成外,也可由雾层缓慢抬升或由层积云演变而来,可降毛毛雨或米雪。

碎层云(Fs)——不规则的松散碎片,形状多变,呈灰色或灰白色,由层云分裂或由雾抬升而成。山地的碎层云早晚也可直接生成。

⑤ 雨层云(Ns)——厚而均匀的降水云层,完全遮蔽日月,呈暗灰色,布满全天,常有连续性降水。这种云如因降水不及地在云底形成雨(雪)幡时,云底显得混乱,没有明确的界限。

雨层云多数由高层云变成,有时也可由蔽光高积云、蔽光层积云演变而成。

碎雨云(Fn)——低而破碎的云,灰色或暗灰色,不断滋生,形状多变,移动快,最初是各自孤立分离的,后来可渐并合,常出现在降水时或降水前后的降水云层之下。

⑥ 高层云(As)——带有条纹或纤缕结构的云幕,有时较均匀,颜色灰白或灰色,有时微带蓝色。云层较薄部分,可以看到昏暗不清的日月轮廓,看去好像隔了一层毛玻璃。厚的高层云,则底部比较阴暗,看不到日月。由于云层厚度不一,各部分明暗程度也就不同,但是云底没有显著的起伏。

高层云可降连续或间歇性的雨、雪,若有少数雨(雪)幡下垂时,云底的条纹结构仍可分辨。

高层云常由卷层云变厚或雨层云变薄而成,有时也可由蔽光高积云演变而成。在我国南方,有时积雨云上部或中部延展,也能形成高层云,但持续时间不长。

透光高层云(As tra)——较薄而均匀的云层,呈灰白色。透过云层,日月轮廓模糊,好像隔了一层毛玻璃,地面物体没有影子。

蔽光高层云(As op)——云层较厚,且厚度变化较大,厚的部分隔着云层看不见日月;薄的部分比较明亮一些,还可以看出纤缕结构,呈灰色,有时微带蓝色。

⑦ 高积云(Ac)——高积云的云块较小,轮廓分明,常呈扁圆形、瓦块状、鱼鳞片,或是水波状的密集云条,成群、成行、成波状排列。大多数云块的视宽度角在 $1°\sim5°$。有时可出现在两个或几个高度上。薄的云块呈白色,厚的云块呈暗灰色。在薄的高积云上,常有环绕日月的虹彩,或颜色为外红内蓝的华环。

高积云都可与高层云、层积云、卷积云相互演变。

透光高积云(Ac tra)——云块的颜色从洁白到深灰都有,厚度变化也大,就是同一云层,各部分也可能有些差别。云层中个体明显,一般排列相当规则,但是各部分透明度是不同的。云缝中可见蓝天,即使没有云缝,云层薄的部分,也比较明亮。

蔽光高积云(Ac op)——连续的高积云层,至少大部分云层都没有什么间隙,云块深暗而不规则。因为云层的厚度厚,个体密集,几乎完全不透光,但是云底云块个体依然可以分辨。

荚状高积云(Ac lent)——高积云分散在天空,成椭圆形或豆荚状,轮廓分明,云块不断地变化。

积云性高积云(Ac cug)——这种高积云由积雨云、浓积云延展而成,在初生成的阶段,类似蔽光高积云。

絮状高积云(Ac flo)——类似小块积云的团簇,没有底边,个体破碎如棉絮团,多呈白色。

堡状高积云(Ac cast)——垂直发展的积云形的云块,远看并列在一线上,有一共同的水平底边,顶部凸起明显,好像城堡,云块比堡状层积云小。

⑧ 卷云(Ci)——具有丝缕状结构,柔丝般光泽,分离散乱的云。云体通常白色无暗影,呈丝条状、羽毛状、马尾状、钩状、团簇状、片状、砧状等。

卷云见晕的机会比较少,即使出现,晕也不完整。我国北方和西部高原地区,冬季卷云有时会下零星的雪。

日出之前、日落以后,在阳光反射下,卷云常呈鲜明的黄色或橙色。

我国北方和西部高原地区严寒季节,有时会遇见一种高度不高的云,外形似层积云,但却具有丝缕结构、柔丝般光泽的特征,有时还有晕,此应记为卷云,如无卷云特征,则应记为层积云。

毛卷云(Ci fil)——纤细分散的云,呈丝条、羽毛、马尾状。有时即使聚合成较长并具一定宽度的丝条,但整个丝缕结构和柔丝般的光泽仍十分明显。

密卷云(Ci dens)——较厚的、成片的卷云,中部有时有暗影,但边缘部分卷云的特征仍很明显。

伪卷云(Ci not)——由鬃积雨云顶部脱离母体而成。云体较大而厚密,有时似砧状。

钩卷云(Ci unc)——形状好像逗点符号,云丝向上的一头有小簇或小钩。

⑨ 卷层云(Cs)——白色透明的云幕,日、月透过云幕时轮廓分明,地物有影,常有晕环。有时云的组织薄得几乎看不出来,只使天空呈乳白色;有时丝缕结构隐约可辨,好像乱丝一般。我国北方和西部高原地区,冬季卷层云可以有少量降雪。

厚的卷层云易与薄的高层云相混。如日月轮廓分明,地物有影或有晕,或有丝缕结构为卷层云;如只辨日、月位置,地物无影,也无晕,为高层云。

毛卷层云(Cs fil)——白色丝缕结构明显,云体厚薄不很均匀的卷层云。

薄幕卷层云(Cs nebu)——均匀的云幕,有时薄得几乎看不见,只因有晕,才证明其存在;云幕较厚时,也看不出什么明显的结构,只是日月轮廓仍清楚可见,有晕,地物有影。

⑩ 卷积云(Cc)——似鳞片或球状细小云块组成的云片或云层,常排列成行或成群,很像轻风吹过水面所引起的小波纹,白色无暗影,有柔丝般光泽。

卷积云可由卷云、卷层云演变而成。有时高积云也可演变为卷积云。

整层高积云的边缘,有时有小的高积云块,形态和卷积云颇相似,但不要误认为卷积云。只有符合下列条件中的一个或以上的,才能算作卷积云:和卷云或卷层云之间有明显的联系;从卷云或卷层云演变而成;确有卷云的柔丝光泽和丝缕状特点。

(3)云状判定的技术与方法

① 判定云状时,观测员首先要根据各种云的特征区别当时天空出现的云族。一般说来,高云都在 4.5 千米以上,中云云底在 2.5~4.5 千米,低云云底为 0.1~2.5 千米。但有些云属经常会伸展到其他云族的层次中,观测时要特别注意。

② 要根据天空中云的外形特征、结构、色泽、排列以及相伴出现的天气现象。

③ 云是千变万化的,各类云之间会互相演变。同类的云会互相演变,

不同类的云也会互相演变。观测判定时要密切关注它们的演变情况与趋势。

④ 要注意辨析相似云的区别。如：淡积云与浓积云、层积云之间的区别；积雨云与雨层云、层积云之间的区别。

⑤《中国云图》是各类云特征的真实写照，是判定云状时可借助的形象工具。观测时可参照《中国云图》，对当时天空中出现的云进行认真的对照分析判定。

⑥ 观测云的时候要选择一个能看到全部天空以及地平线的开阔固定的观测点进行。如果遇到太阳光线比较强时，还必须佩戴太阳镜。

2. 估计云量

云量就是指云遮蔽天空视野的成数。

云量观测包括总云量和低云量。总云量指的是观测时遮蔽可视天空云的成数。这个成数包括所有的云族、云属和云类的合计成数。低云量专指低云族的云遮蔽可视天空的成数，不包括同时出现在可视天空的其他云族、云属和云类的成数。

观测云量时，观测员应在所选定的观测点上进行，其要求与云状观测相同；同时，云量观测全凭目力估计，基本上都是以主观认知形成观测结果，特别是对天边附近云的观测，往往会估计偏多，实际观测中应引起充分注意。

3. 云高观测

云高指的是云底距测站的垂直高度。观测云高的目的也是为天气预报和天气分析提供依据。云高的观测有目测和器测两种方式。

(1) 目测云高

用目力估测云高是目前气象台站广泛使用的一种方法，虽然这种方法估测得不是很准确，但使用起来比较简便。不过，目测云高也不是凭空想象的，而是主观判断与客观依据相结合的结果。目测云高的客观依据：

① 可以根据云状来估测云高,因为常见云属的云底高度都有一定的范围。《地面气象观测规范》中列有一表,现摘录于下,供观测时对照参考,见表2.2。

表2.2 各云属常见云底高度范围

云属	常见云底高度范围(米)	说明
积云	600~2000	沿海及潮湿地区,或雨后初晴的潮湿地带,云底较低,有时在600米以下;沙漠和干燥地区,有时高达3000米左右
积雨云	600~2000	一般与积云云底相同,有时由于有降水,云底比积云低
层积云	600~2500	当低层水汽充沛时,云底高可在600米以下;个别地区有时高达3500米左右
层云	50~800	与低层湿度密切有关,湿度大时云底较低;低层湿度小时,云底较高
雨层云	600~2000	刚由高层云变来的雨层云,云底一般较高
高层云	2500~4500	刚由卷层云变来的高层云,有时可高达6000米左右
高积云	2500~4500	夏季,在我国南方,有时可高达8000米左右
卷云	4500~10000	夏季,在我国南方,有时高达17000米;冬季在我国北方和西部高原地区可低至2000米以下
卷层云	4500~8000	冬季在我国北方和西部高原地区,有时可低至2000米以下
卷积云	4500~8000	有时与卷云高度相同

② 可以利用已知高度的目标物来估测云高。测站在筹建时就要对周围比较高大的目标物(如:山、高层建筑、塔架等)进行高度测量,并标出具体高度。当估测云高时就可以利用这些目标物进行比较,相对准确地估测出当时的云高。

③ 可以用实测云高的结果来训练观测员的目测能力,尽量减少目测云高的误差。

④ 近地面层空气的湿度也会影响云底高度,特别会影响低云的云底高度。

(2) 目测云高的技术参考

① 海拔高度、季节、昼夜等都会对云高产生明显的影响。一般说来,测站的海拔高度越高而云底的高度就越低;一年中,冬季的云高相对低于夏季;一天中,早晚的云高相对低于中午。

② 云体的结构、云块的大小、云层的颜色与亮度以及云移动的速度等与云高有着密切的关系。一般情况下,结构松散、块状较大、透光程度差、颜色灰暗、移动较快的云的云高都比较低;反之,云底的高度就比较高。

③ 处在生成、发展和演变过程的云,它的高度也在不断地变化,一般地说云底的高度比较低;而处在消失状态的云的底部高度就比较高。

云的观测是地面气象观测的重要项目,中小学在开展气象科技活动的时候必须进行对云的观测。然而,云的观测至今还是采用目测的方法进行,所以在气象科学学习时,必须对云的分类、云的特征、云的观测方法进行深入细致的研究,尤其对"云图"要仔细研究并熟悉掌握。

二、能见度的观测

能见度是地面气象观测中的一个相当重要的项目。它首先是了解大气稳定度的重要根据,因为当大气层比较稳定的时候,水汽杂质都分布在低层大气中,能见度就会变差;当大气层不稳定时,由于空气对流或乱流的作用,将水汽中的杂质带到高层,这样就会使近地面层的能见度变好。同时,能见度也是判断气团性质的依据之一,因为冷空气中所含的杂质比较少,能见度也就比较好;暖空气中所含的杂质比较多,能见度也就比较差。另外,能见度还是研究大气污染的重要因子,尤其是保证航空航海安全的重要因素。

1. 能见度概述

气象观测项目中的能见度,是指视力正常的人在观测时的天气条件下,能够从天空背景中看到或辨认出目标物(黑色,大小适度)的最大水平距离。夜间则是能看到和确定出一定强度灯光的最大水平距离。人工观测能见度以千米(km)为单位,取1位小数。

"能见"的意思是:在白天指的是能看到和辨认出目标物的轮廓与形体;在夜间指的是能清楚地看见目标灯的发光点。"不能见"指的是看不清目标物的轮廓,分不清目标物的形体,或者是所见目标灯的发光点模糊,灯光散乱。

能见度分为水平能见度、有效能见度和最小能见度三种。水平能见度,指的是视力正常者对其所在的水平面上的黑色目标物加以识别的最大距离;在测站四周视野中的二分之一(即180°)以上范围内都能看到的水平能见度,称为有效能见度;测站四周视线中水平能见度数值中最小的数值,称为最小能见度。人工观测的能见度,一般指有效水平能见度。

2. 影响能见度的因素

大气中的能见度时刻都在变化,产生这些变化的因素很多,归纳起来,有如下几个方面:

(1)大气的透明度

大气的透明度是直接影响能见度的因素,而影响大气透明度的原因就是空气中所含的杂质。空气中所含的杂质越多,空气就越混浊,能见度就越差;空气中所含的杂质越少,空气就清晰透亮,能见度就越好。

(2)目标物和背景亮度的比衬

由于能见度是根据目标物的"能见"和"不能见"来确定的,因此,能见度的观测就受到目标物的大小、形状、色彩与背景色彩和亮度比衬的影响。观测能见度的目标物越大、形体突出、色彩鲜亮与背景比色差越大,所观测到的能见度距离也就越大;如果目标物小,形体不突出,加之与背景的色差较小,则所能观测的能见度就越小,也不准确。

(3)观测员的视觉感应能力

目标物与背景的色泽、亮度完全一致时,人的视觉就无法感应,但目标物与背景色泽亮度的比衬有一个极值:当比衬小于极值时,观测员的视觉感应能力则消失;当比衬大于极值时,观测员的感应能力则产生作用。因此,观测员的视觉感应能力也就影响了对能见度的观测。

3. 能见度的人工观测

能见度的观测看似简单,其实相当复杂。白天观测能见度和夜间观测能见度就有很大的不同。由于中小学所开展的气象科技活动不进行夜间观测,因此本节只对白天观测能见度的要点与方法进行简单的叙述。

能见度的观测方法主要以目测为主。判定能见度的距离是以"能见"的最远目标物和"不能见"的最近目标物为依据。

(1)目标物的颜色、细微部分清晰可辨时,能见度可判定为该目标物距离的 5 倍以上。

(2)目标物的颜色、细微部分隐约可判定时,能见度可判定为该目标物距离的 2.5～5.0 倍。

(3)目标物的颜色、细微部分很难分辨时,能见度可判定为大于该目标物的距离,但不应超过 2 倍。

中小学校园气象站的四周一般都有可选用的目标物,不需人工设置目标物。

三、天气现象的观测

天气现象通常是指引起天气变化和分布的高压、低压和高压脊、低压槽等具有典型特征的大气运动现象。各种天气现象都具有一定的空间尺度和时间尺度,而且各种尺度系统间相互交织、相互作用。天气现象总是处在不断新生、发展和消亡的过程中,在不同发展阶段有其相对应的天气现象分布。因而一个地区的天气和天气变化是同天气系统及其发展阶段相联系的,是大气的动力过程和热力过程的综合结果。

各类天气现象都在一定的大气环流和地理环境中形成、发展和演变着,都反映着一定地区的环境特性。比如极区及其周围终年覆盖着冰雪,空气严寒、干燥,这一特有的地理环境成为极区低空冷高压和高空极涡、低槽形成、发展的背景条件。赤道和低纬度地区终年高温、潮湿,大气处于不稳定状态,是对流性天气系统产生、发展的必要条件。中高纬度是冷、暖气流经常交汇的地带,不仅冷暖气团交替频繁,而且其斜压不稳定,是锋面、气旋系统得以形成、发展的重要基础。天气现象的形成和活动反过来又会给地理环境的结构和演变以深刻影响。因而认识和掌握天气现象的形成、结构、运动变化规律以及与地理环境间的相互关系,对于了解天气、气候的形成、特征、变化和预测地理环境的演变都是十分重要的。

1. 天气现象的分类

天气现象是指受一定天气条件影响而发生在大气中或地面上的物理现象。它包括降水、地面凝结、视程障碍、雷电及其他现象等,《地面气象观测规范》定义了34种,当前在台站保留观测和记录的天气现象种类共21种,其他取消观测的天气现象内容作为资料列出。

第一类,降水现象,分为液态降水和固态降水两种。液态降水现象包括雨、阵雨、毛毛雨;固态降水包括雪、阵雪、雨夹雪、阵性雨夹雪、冰雹等。

第二类,地面凝结现象,包括露、霜、雨凇、雾凇等。

第三类,视程障碍现象,包括雾(雾、大雾、浓雾三级)、轻雾、吹雪、雪暴、烟幕、霾、沙尘暴(分为沙尘暴、强沙尘暴、特强沙尘暴三级)、扬沙、浮尘等。

第四类,雷电现象,包括雷暴、闪电和极光等。

第五类,大气光学现象,包括虹、晕、华、峨眉宝光、霞和海市蜃楼等。

第六类,特征风及其他现象,包括大风、飑、龙卷风、尘卷风、冰针、积雪、结冰等。

2. 天气现象的特征和符号

各种天气现象的出现都有其特征。气象科学工作者在长期的工作与研究中,对各种天气现象的特征进行了科学的总结,并冠以具体的符号。对于天气现象的特征和符号,《地面气象观测规范》中有详细叙述,现摘录如下,供开展气象科技活动的中小学校园气象站的观测员认真研读熟记并在实际观测工作中熟练运用。

(1) 降水现象

① 雨——滴状的液态降水,下降时清楚可见,强度变化较缓慢,落在水面上会激起波纹和水花,落在干地上可留下湿斑。

② 阵雨——开始和停止都较突然、强度变化大的液态降水,有时伴有雷暴。

③ 毛毛雨——稠密、细小而十分均匀的液态降水,下降情况不易分辨,看上去似乎随空气微弱的运动飘浮在空中,徐徐落下。迎面有潮湿感,落在水面无波纹,落在干地上只是均匀地润湿地面,无湿斑。

④ 雪——固态降水,大多是白色不透明的六角分枝的星状、六角形片状结晶,常缓缓飘落,强度变化较缓慢。温度较高时多成团降落。

⑤ 阵雪——开始和停止都较突然、强度变化大的降雪。

⑥ 雨夹雪——半融化的雪(湿雪),或雨和雪同时下降。

⑦ 阵性雨夹雪——开始和停止都较突然、强度变化大的雨夹雪。

⑧ 霰——白色不透明的圆锥形或球形的颗粒固态降水,直径2～5毫米,下降时常呈阵性,着硬地常反跳,松脆易碎。出现时记为雪,与雨同时出现时记为雨夹雪。

⑨ 米雪——白色不透明的比较扁、长的小颗粒固态降水,直径常小于1毫米,着硬地不反跳。出现时记为雪,与雨同时出现时记为雨夹雪。

⑩ 冰粒——透明的丸状或不规则的固态降水,较硬,着硬地一般反跳。直径小于5毫米。有时内部还有未冻结的水,如被碰碎,则仅剩下破碎的冰壳。出现时记为雪,与雨同时出现时记为雨夹雪。

⑪冰雹——坚硬的球状、锥状或形状不规则的固态降水,雹核一般不透明,外面包有透明的冰层,或由透明的冰层与不透明的冰层相间组成。大小差异大,大的直径可达数十毫米。常伴随雷暴出现。

降水现象的特征和区别见表2.3。

表2.3 降水现象的特征和区别

天气现象	符号	直径（毫米）	外形特征及着地特征	下降情况	一般降自云层	天气条件
雨	●	≥0.5	干地面有湿斑,水面起波纹	雨滴可辨,下降如线,强度变化较缓	Ns,As,Sc,Ac	气层较稳定
阵雨	▽	>0.5	同上,但雨滴往往较大	骤降骤停,强度变化大,有时伴有雷暴	Cb,Cu,Sc	气层不稳定
毛毛雨	'	<0.5	干地面无湿斑,慢慢均匀湿润,水面无波纹	稠密飘浮,雨滴难辨	St	气层稳定
雪	✳	大小不一	白色不透明六角或片状结晶,固体降水	飘落,强度变化较缓	Ns,Sc,As,Ac,Ci	气层稳定
阵雪	❄	大小不一	白色不透明六角或片状结晶,固体降水	飘落,强度变化较大,开始和停止都较突然	Cb,Cu,Sc	气层较不稳定
雨夹雪	✳	大小不一	半融化的雪(湿雪)或雨和雪同时下降	雨滴可辨,下降如线,强度变化缓慢	Ns,Sc,As,Ac	气层稳定
阵性雨夹雪	❄	大小不一	半融化的雪(湿雪)或雨和雪同时下降	强度变化大,开始和停止都较突然	Cb,Cu,Sc	气层较不稳定

续表

天气现象	符号	直径(毫米)	外形特征及着地特征	下降情况	一般降自云层	天气条件
霰（现在出现时记为雪）	⚹（2016年前使用，现在出现时记为*）	2~5	白色不透明的圆锥或球形颗粒，固态降水，着硬地常反跳，松脆易碎	常呈阵性	Cb, Sc	气层较不稳定
米雪（现在出现时记为雪）	△（2016年前使用，现在出现时记为*）	<1	白色不透明，扁长小颗粒，固态降水，着地不反跳	均匀、缓慢、稀疏	St	气层稳定
冰粒（现在出现时记为雪）	△（2016年前使用，现在出现时记为*）	1~5	透明丸状或不规则固态降水，有时内部还有未冻结的水，着地常反跳，有时打碎只剩冰壳	常呈间歇性，有时与雨伴见	Ns, As, Sc	气层较稳定
冰雹	△	2~20	坚硬的球状、锥状或不规则的固态降水，内核常不透明，外包透明冰层或层层相间，大的着地反跳，坚硬不易碎	阵性明显	Cb	气层不稳定（常出现在夏、春、秋季）

(2) 地面凝结现象

① 露——水汽在地面及近地面物体上凝结而成的水珠（霜融化成的

水珠,不记露)。

② 霜——水汽在地面和近地面物体上凝华而成的白色松脆的冰晶;或由露冻结而成的冰珠。易在晴朗风小的夜间生成。

③ 雨凇——过冷却液态降水碰到地面物体后直接冻结而成的坚硬冰层,呈透明或毛玻璃状,外表光滑或略有隆突。

④ 雾凇——空气中水汽直接凝华,或过冷却雾滴直接冻结在物体上的乳白色冰晶物,常呈毛茸茸的针状或表面起伏不平的粒状,多附在细长的物体或物体的迎风面上,有时结构较松脆,受震易塌落。

地面凝结现象的特征和区别见表 2.4。

表 2.4 地面凝结现象的特征和区别

天气现象	符号	外形特征及凝结特征	成因	天气条件	容易附着的物体部位
露	⌒	水珠(不包括霜融化成的)	水汽冷却凝结而成	晴朗少风湿度大的夜间,地表温度在 0 ℃以上	地面及近地面物体
霜	ㄩ	白色松脆的冰晶或冰珠	水汽直接凝华而成或由露冻结而成	晴朗微风湿度大的夜间,地表温度在 0 ℃以下	地面及近地面物体
雨凇	~	透明或毛玻璃状的冰层,坚硬光滑或略有隆突	过冷雨滴或毛毛雨滴在物体(低于 0 ℃)上冻结而成	气温稍低,有雨或毛毛雨下降时	水平面、垂直面上均可形成,但水平面和迎风面上增长快
雾凇	V	乳白色的冰晶层或粒状冰层,较松脆,常呈毛茸茸针状或起伏不平的粒状	过冷却雾滴在物体迎风面冻结或严寒时空气中水汽凝华而成	气温较低(−3 ℃以下),有雾或湿度大时	物体的突出部分和迎风面上

(3)视程障碍现象

① 雾——大量微小水滴或冰晶浮游空中,常呈乳白色,使水平能见度小于 1.0 千米。高纬度地区出现冰晶雾也记为雾,并加记冰针。根据雾的

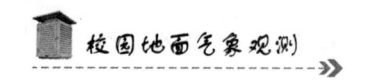

能见度可分为三个等级：

雾：能见度大于等于0.5千米，小于1.0千米。

浓雾：能见度大于等于0.05千米，小于0.5千米。

强浓雾：能见度小于0.05千米。

② 轻雾——微小水滴或已湿的吸湿性质粒所构成的灰白色的稀薄雾幕，使水平能见度不低于1.0千米至小于10.0千米。

③ 吹雪——由于强风将地面积雪卷起，使水平能见度小于10.0千米的现象。

④ 雪暴——大量的雪被强风卷着随风运行，并且不能判定当时天空是否有降雪。水平能见度一般小于1.0千米。现在出现时记为雪，与雨同时出现时记为雨夹雪。

⑤ 烟幕——大量的烟存在于空气中，使水平能见度小于10.0千米。城市、工矿区上空的烟幕呈黑色、灰色或褐色，浓时可以闻到烟味。

⑥ 霾——大量极细微的干尘粒等均匀地浮游在空中，使水平能见度小于10.0千米的空气普遍混浊现象。霾使远处光亮物体微带黄、红色，使黑暗物体微带蓝色。

⑦ 沙尘暴——由于强风将地面大量尘沙吹起，使空气相当混浊，水平能见度小于1.0千米。根据能见度，沙尘暴的强度可分为三个等级：

沙尘暴：能见度大于等于0.5千米，小于1.0千米。

强沙尘暴：能见度大于等于0.05千米，小于0.5千米。

特强沙尘暴：能见度小于0.05千米。

⑧ 扬沙——由于风大将地面尘沙吹起，使空气相当混浊，水平能见度大于等于1.0千米而小于10.0千米。

⑨ 浮尘——尘土、细沙均匀地浮游在空中，使水平能见度小于10.0千米。浮尘多为远处尘沙经上层气流传播而来，或为沙尘暴、扬沙出现后尚未下沉的细粒浮游空中而成。

视程障碍现象的特征和区别见表2.5。

表 2.5 视程障碍现象的特征和区别

天气现象	符号	特征或成因	能见度（千米）	颜色	天气条件	大致出现时间
雾	≡	大量微小水滴浮游空中	<1.0	常为乳白色（工厂区为土黄灰色）	相对湿度接近100%	日出前，锋面过境前后
轻雾	=	微小水滴或已湿的吸湿性质粒组成的稀薄雾幕	1.0~10.0（不包括10.0）	灰白色	空气较潮湿、稳定	早晚较多
吹雪	╂	强风将地面积雪卷起	<10.0	白茫茫	风较大	
雪暴（现在出现时记为雪）	╂（2016年前使用，现在出现时记为*）	大量的雪被风卷着随风运行（不能判定当时是否降雪）	<1.0	白茫茫一片	风很大	本地或附近有大量积雪时
沙尘暴	$	本地或附近尘沙被风吹起，使能见度显著下降	<1.0	天空混浊，一片黄色	风很大	冷空气过境或雷暴飑线影响时，北方春季易出现
扬沙	$		1.0~10.0（不包括10.0）		风较大	
浮尘	S	远处尘沙经上层气流传播而来或为沙尘暴、扬沙出现后尚未下沉的细粒浮游空中	<10.0 垂直能见度也差	远物土黄色，太阳苍白或淡黄色	无风或风较小	冷空气过境前后
霾	∞	大量极细微尘粒，均匀浮游空中，使空气普遍混浊	<10.0	远处光亮物体微带黄色、红色，黑暗物体微带蓝色	气团稳定、较干燥	一天中任何时候均可出现

续表

天气现象	符号	特征或成因	能见度（千米）	颜色	天气条件	大致出现时间
烟幕	⌐	城市、工厂或森林火灾等排出的大量烟粒弥漫空中,有烟味	<10.0	远处来的烟幕呈黑、灰、褐色,日出、黄昏时太阳呈红色	气团稳定,有逆温时易形成	早晚常见

(4)雷电现象

① 雷暴——为积雨云云中、云间或云地之间产生的放电现象,表现为闪电兼有雷声,有时亦可只闻雷声而不见闪电。

② 闪电——为积雨云云中、云间或云地之间产生放电时伴随的电光,但不闻雷声。

③ 极光——在高纬度地区(中纬度地区也可偶见)晴夜见到的一种在大气高层辉煌闪烁的彩色光弧或光幕。亮度一般像满月夜间的云。光弧常呈向上射出活动的光带,光带往往为白色稍带绿色或翠绿色,下边带淡红色;有时只有光带而无光弧;有时也呈振动很快的光带或光幕。

(5)大气光学现象

① 虹——阳光射入水滴(雨滴、毛毛雨滴或雾滴)中,经折射和反射而形成在雨幕或雾幕上的彩色或白色光环。

② 晕——日光或月光经云中冰晶的折射和反射作用而形成的一组光学现象。

③ 华——在天空有薄云存在时,透过云层在太阳或月亮周围看到的彩色光环。

④ 峨眉宝光——背向太阳,在小水滴组成的云、雾上,看到自己影子周围出现的彩色光环。

⑤ 霞——日光斜射在天空中,由于空气的散射作用而使天空和云层

呈现出黄、橙、红等彩色的自然现象,多出现在日出或日落时。

⑥ 海市蜃楼——亦称蜃景。由于剧烈的温度梯度引起大气密度分布反常,光线发生显著折射,从而使人们观测到远处景物像悬浮在空中或出现在地平线下的奇异幻景。这种现象常发生在海边、雪原、沙漠和极地地区。

(6)特征风及其他现象

① 大风——瞬时风速达到或超过17.0米/秒(或目测估计风力不低于8级)的风。

② 飑——突然发作的强风,持续时间短促。出现时瞬时风速突增,风向突变,气象要素随之亦有剧烈变化,常伴随雷雨出现。

③ 龙卷——一种小范围的强烈旋风,从外观看,是从积雨云底盘旋下垂的一个漏斗状云体,有时稍伸即隐或悬挂空中,有时触及地面或水面。旋风过境,对树木、建筑物、船舶等均可能造成严重破坏。

④ 尘卷风——因地面局部强烈加热,而在近地面气层中产生的小旋风,尘沙及其他细小物体随风卷起,形成尘柱。很小的尘卷风,直径在2米以内,高度在10米以下的不记录。

⑤ 冰针——飘浮于空中的很微小的片状或针状冰晶,在阳光照耀下,闪烁可辨,有时可形成日柱或其他晕的现象。多出现在高纬度和高原地区的严冬季节。

⑥ 积雪——雪(包括霰、米雪、冰粒)覆盖地面达到气象站四周能见面积一半以上。

⑦ 结冰——指露天水面(包括蒸发器的水)冻结成冰。

3. 天气现象观测注意事项

(1)值班观测员应随时观测和记录出现在视区内的全部天气现象。夜间不守班的气象站,对夜间出现的天气现象,应尽量判断记录。

(2)为正确判断某一现象,有的时候还要参照气象要素的变化和其他天气现象综合进行判断。

(3)凡与水平能见度有关的现象,均以有效水平能见度为准,并在能见度观测地点观测判断天气现象。

校园气象站是夜间和上课时无人值守气象站,对夜间出现的天气现象应该在白天补记,上课时出现的天气现象应该在课后补记,尽量不使记录间断。

第四节 地面气象器测项目的观测

地面气象观测是各类气象观测中开始最早、发展最普遍的一类。到了17世纪中叶,在气象仪器陆续发明问世、逐步使用发展的基础上,欧洲各国开始陆续建立地面气象观测站,对大气中各气象要素进行定量观测。随着各种气象仪器的不断进步与完善,定量观测也越来越准确,精度也越来越高,技术要求也越来越严格。

一、风的观测

由于空气中气压分布不均匀,高压区的空气向低压区流动,空气的水平运动称为风,是自然界中一种极为常见的现象。空气运动的结果能够使干冷的空气和暖湿的空气发生交换。这种交换的过程也是天气发生变化的重要因素之一,同时也表示了一地的气候因素。

风的矢量在天气预报中有着重要的作用,气象工作者都把风作为重要的天气预报指标进行广泛应用。因而,对风进行观测就成了地面气象观测的一项重要项目。风的测定有风向与风速两项内容。

1. 风向测定

风向指的是风吹来的方向,地面气象观测中用十六个方位(图2.28)来表示,并作为测定风向的标准与依据。

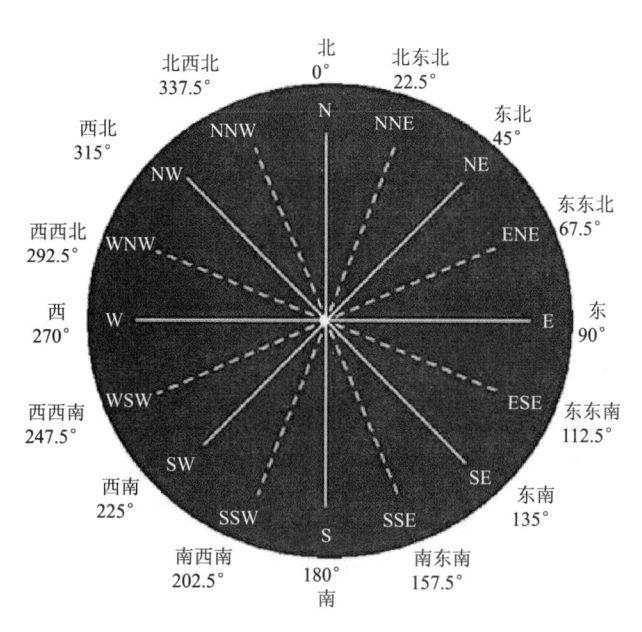

图 2.28 风向的十六方位

在气象学上,风向的十六个方位分别用英文的缩写字母来表示。详见表 2.6。

表 2.6 风向符号与度数对照表

方位	符号	中心角度(°)	角度范围(°)
北	N	0	348.76～11.25
北东北	NNE	22.5	11.26～33.75
东北	NE	45	33.76～56.25
东东北	ENE	67.5	56.26～78.75
东	E	90	78.76～101.25
东东南	ESE	112.5	101.26～123.75
东南	SE	135	123.76～146.25
南东南	SSE	157.5	146.26～168.75
南	S	180	168.76～191.25
南西南	SSW	202.5	191.26～213.75
西南	SW	225	213.76～236.25
西西南	WSW	247.5	236.26～258.75

续表

方位	符号	中心角度(°)	角度范围(°)
西	W	270	258.76～281.25
西西北	WNW	292.5	281.26～303.75
西北	NW	315	303.76～326.25
北西北	NNW	337.5	326.26～348.75
静风	C	风速不大于0.2米/秒	

2. 风速

空气在单位时间内向水平方向流动的距离称为风速。风速的单位用米/秒表示,也有用千米/时、海里/时来表示的。这三种单位都是测定风速物理量的单位,它们之间的换算关系是:

1米/秒=3.6千米/时;1海里/时=1.852千米/时。

3. 风的测定方法

风的测定方法有很多种,校园气象站一般都是通过 EL 型电接风向风速测定,前文已对这一仪器的构造进行了介绍。测定时,先打开指示器的风向开关,读取风向指示灯的亮格;然后再打开指示器风速开关,读取仪器指针所指的读数就可以了。这种测定方法目前气象台站和校园气象站正在普遍使用。

二、空气温度的观测

空气温度是表示空气冷热程度的物理量。温度是空气物态的重要参数之一,是形成各种天气现象与天气变化的重要因素之一,也是构成一地气候的重要因素。气象学上常用的气温,是指在自然状态下的空气温度,是在草坪上、离地面1.5米高的百叶箱里、通风而且不受阳光的直射测到的标准气温。因为这一高度的气温基本脱离了地面温度振幅大、变化剧烈的影响,又是人类活动的一般范围。

1. 气温测量的项目与单位

气温测量的项目有:定时气温、日最高气温、日最低气温。

表示气温的单位:℃,取 1 位小数。

2. 空气温度的观测方法与技术

定时气温使用干球温度表测量,日最高气温使用最高温度表测量,日最低气温使用最低温度表测量。

温度表读数时应注意:

(1)观测时必须保持视线和水银柱顶端齐平,以避免视差(图 2.29)。

(2)读数动作要迅速,力求敏捷,不要对着温度表呼吸,尽量缩短停留时间,并且勿使头、手和灯接近球部,以避免影响温度示数。

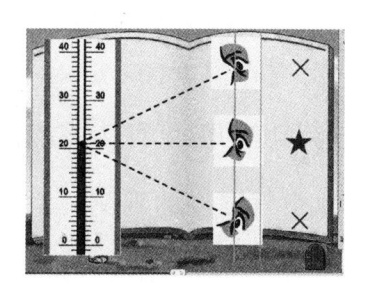

图 2.29　温度表正确观测示意

(3)注意复读,以避免发生误读或颠倒零上、零下的差错。

(4)温度表读数要准确到 0.1 ℃。

(5)最高温度表在观测后要进行调整。调整时注意用手握住表身,球部向下,大拇指与瓷板平行,臂向外伸出 30°角,用大臂将表前后甩动,使示度接近当时的干球温度。

(6)最低温度表在观测后要进行调整。调整时注意将温度表球部抬高,表身倾斜,使游标回到酒精柱的顶端。

三、空气湿度的观测

大气中的水汽是形成云、雾、降水的重要要素。大气中水汽的相态转换是重要的能量传递方式。空气湿度的变化往往是天气变化的前奏,与天气变化有着密切的关系。因此,空气湿度也是重要的气象观测项目之一。

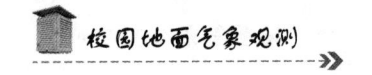

1. 气象观测中的湿度

表示空气湿度的物理量很多,在地面气象观测中,主要测定以下三种湿度量:

(1)水汽压(e)——大气中水汽所具有的压强称为水汽压或水汽张力。单位是百帕(hPa),取1位小数。

(2)相对湿度(U)——空气中实有水汽压与同一温、压条件下的饱和水汽压的百分比,取整数。

(3)露点温度(T_d)——湿空气在水汽含量保持不变的条件下,等压冷却到饱和时的温度称为露点温度。单位:℃,取1位小数。

2. 空气湿度的观测

(1)用干湿球温度表来测量空气的湿度

测量空气湿度通常用干湿球温度表。干球温度表用来测量气温;湿球温度表用来测量湿润纱布包裹着的气温。

湿球纱布上的水在空气没有达到饱和时会不断蒸发,蒸发的快慢决定于空气的相对湿度:湿度大时蒸发慢,湿度小时蒸发快。当湿度是100%时,空气中所含水汽已饱和,水分停止蒸发。

水分蒸发是要消耗热量的,这样湿球温度表的读数就会减小。因此,除了空气饱和,即相对湿度为100%(此时湿球温度表的读数和干球温度表一样)以外,干球温度表的读数总比湿球温度表的读数要高。两者差值越大表示空气越干燥,相对湿度越低。因此,利用干湿球温度差便可以知道空气相对湿度的高低。

干湿球温度表的使用方法、技术和注意事项与气温测量相同。

根据测得的干球温度和湿球温度,利用《湿度查算表》可以得到湿度量。

《湿度查算表》是气象观测上用来查取湿度要素值特制的表。它由表1湿球结冰部分、表2湿球未结冰部分和表3湿球温度订正值组成。表1和

表2每栏居中的数值为干球温度,订正参数、湿球温度、水汽压、相对湿度和露点温度等项均用其括号中的符号列出。查表时,根据湿球结冰与否,决定使用表1或表2。若气压恰好为1000百帕,找到相应的干湿球温度值,即可查出 e、U、T_d 值。

干湿球温度表使用中要注意维护:

① 必须注意保持干湿球温度表的正常状态。如发现温度表内刻度瓷板破损,毛细管内有水银滴、黑色沉淀的氧化物或水银柱中断等情况,应同时更换、报废。

② 干球温度表应经常保持清洁、干燥。观测前巡视设备和仪器时,如发现干球上有灰尘或水,必须立即用干净的软布轻轻拭去。

③ 湿球纱布必须经常保持清洁、柔软和湿润,一般应每周换一次。遇有沙尘等天气,湿球纱布上明显沾有灰尘时,应立即更换。

④ 水杯中的蒸馏水要时常添满,保持洁净,一般每周更换一次。

(2)用毛发湿度表测量空气中的湿度

在观测毛发湿度表时,观测员的视线通过指针并与刻度盘平行,读出指针所在刻度线的数值,即是当时空气的湿度。

四、气压的观测

包围着地球周围的一层大气,具有一定的质量。它们对地球表面和周围空气产生的压强,叫作大气压强,即作用在单位面积上的大气压力,也就是单位面积上向上延伸到大气上界的垂直空气柱的质量。

从气象学上得知,在垂直方向上气压随着高度的升高而降低;在水平方向上,气压分布不均匀,因而形成了不同的气压系统。空气从高压流向低压,产生了大气运动,这种运动使各地的水汽和热量进行交换,从而使天气发生复杂的变化。由此可见,各地气压的不同或相对变化,是引起天气演变的重要因素。因此,气压观测是气象台站重要的基本项目之一。

1. 表示气压的单位

物理学上压强的国际单位为帕斯卡(pascal),简称帕(Pa),用帕来作气压的单位太小,所以采用百帕(hPa)来作气压的单位,观测时应准确到0.1百帕。

2. 气压的测量

常用测量气压的仪器有:水银气压计、空盒气压表等。校园气象站一般使用空盒气压表比较简单方便,前文已简单介绍了这一仪器的构造和原理。

下面介绍空盒气压表的使用方法。

(1)使用时请将空盒气压表水平放置。

(2)读数请用手指轻轻扣敲仪器外壳或表面玻璃,以消除传动机构中的摩擦。

(3)观察时指针与镜面指针相重叠,此时指针所指数值即为气压值,读数精确到小数点后1位。

(4)读取气压表上温度表示值,精确到小数点后1位。

仪器上读取的气压表示值只有经过下列订正后才能使用:

(1)温度订正,由于环境温度的变化,将会对仪器金属的弹性产生影响,因此必须进行温度订正。

温度订正值可用下列公式计算:$\Delta P_t = a \cdot t$,式中 ΔP_t 为温度订正值,a 为温度系数值(检定证书上附有),t 为温度表读数。

(2)示度订正,由于空盒及其传动的非线性,当气压变化时就会产生示值误差,因此必须进行示度订正。求算方法是根据检定证书上的示度订正值,在气压表示值相对应的气压范围内,用内插法求出值订正示值 Δp_s。

(3)补充订正,从检定证书上得到补充订正值 Δp_d,经订正后的气压值可由下式示出:$p = p_s + (\Delta p_t + \Delta p_s + \Delta p_d)$。

使用空盒气压表时须注意：

(1)仪器工作时必须水平放置，以防止倾斜造成的读数误差。

(2)使用者切勿将塑料外壳内仪器取出，以免造成不必要的损坏。

(3)使用者不得擅自调动调节螺钉，以免增大仪器的误差。

五、降水的观测

降水是指从天空降落到地面上的水。根据其不同的物理特征可分为液态降水和固态降水。液态降水有：毛毛雨、雨、阵雨等；固态降水有：雪、冰雹、霰等，还有液态固态混合型降水：如雨夹雪等。

1. 降水观测的项目

降水观测的项目包括降水量和降水强度。

降水量是指某一时段内的未经蒸发、渗透、流失的降水，在水平面上积累的深度。以毫米(mm)为单位，取1位小数。

降水强度是指单位时间的降水量，通常测定5分钟、10分钟和1小时的最大降水量。

校园气象站在观测降水时，降水量的测量是必须观测的基本项目。

2. 用雨量器进行降水观测

(1)降水观测的时间。在通常情况下，降水观测的时间是在每天的08时和20时，分别量取前12小时降水量。如果遇到降水量很大的时候，要分成多次进行量取，然后求出12小时降水量的总和。

(2)用雨量器测量降水的方法。观测液态降水的时候，首先用一个空的储水瓶调换出雨量器中已经承水的储水瓶，然后将瓶中的水倒入量杯，要倒净。再将量杯保持垂直，使人的视线与水面齐平，以水凹面为准，读得刻度数即为降水量，记入相应栏内。

冬季降雪时，须将承雨器取下，换上承雪口，取走储水器，直接用承雪口和外筒接收降水。

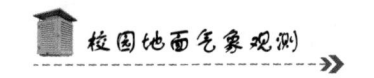

观测固体降水时,要将已有固体降水的外筒,用备份的外筒换下,盖上筒盖后,取回室内,待固态降水融化后,再用量杯进行测量。也可将固体降水连同外筒用专用的台秤称出降水量,称完后再把外筒的重量扣除。

3. 雨量器的维护

(1)要保持雨量器清洁,每次巡视仪器时,注意清除承水器、储水瓶内的所有杂物。

(2)定期检查雨量器的安放是否符合要求,器具的使用质量。如果发现不符合要求的,要及时纠正、修理或撤换。

(3)承水器的刀刃口要保持正圆,避免碰撞变形。

六、蒸发的观测

水由液态或固态转变成气态,逸入大气中的过程称为蒸发。在一般情况下,温度越高,湿度越小,风速越大,气压越低,蒸发量越大;反之蒸发量就越小。从微观上看,蒸发就是液体分子从液面离去的过程。在蒸发过程中,如外界不给液体补充能量,液体的温度就会下降。

蒸发量是指在一定时段内,水分经蒸发而散布到空中的量。在气象观测上,蒸发量是指一定口径的蒸发器中,在一定时间间隔内因蒸发而失去的水层深度。

蒸发量的观测用毫米(mm)作为单位来表示,取 1 位小数。

测量蒸发量的仪器有 E-601B 型蒸发器和小型蒸发器。校园气象站里一般使用小型蒸发器。

1. 蒸发量的测量方法与技术

测量蒸发量是在每天的 20 时进行。测量的方法是:测量蒸发量的前一天 20 时,在小型蒸发器中注入 20 毫米深的清水(即今日原量),经过 24 小时的蒸发,把剩余的水量取出,用量杯来测量,把量得的数据记入观测簿余量栏。然后倒掉剩余的清水,重新量取 20 毫米(干燥地区和干燥季节须量取 30 毫米)清水注入小型蒸发器内,并记入次日原量栏。

蒸发量计算式是:蒸发量＝原量＋降水量－余量。

2. 测量蒸发量的注意事项

(1)有降水的时候,要注意取下金属丝网圈。

(2)如在测量蒸发量的时候正在降水,在取走蒸发器时,也要同时取走专用雨量筒中的储水瓶;在放回蒸发器的时候,也要同时放回储水瓶。量取的降水量,记入观测簿蒸发栏中的"降水量"栏内。

(3)如结冰期有风沙,在测量蒸发量时,要事先把冰面上积存的尘沙清扫出去,然后进行秤重。秤重后必须用水把冻在冰面上的尘沙洗去,再补足 20 毫米水量。

3. 小型蒸发器的维护

(1)每天在测量蒸发量后都要清洗蒸发器,并且换上干净的清水。冬季结冰期间,可以 10 天换一次水。

(2)要定期检查蒸发器是否水平,有无漏水现象,如果发现这些情况必须及时纠正。

七、日照的观测

太阳在一地实际照射的时数称为日照时数,在气象观测上,通常用可照时数和日照时数来描述日照的长短。可照时数是指从太阳出来到太阳下山时这段时间内,在无任何遮蔽条件下,太阳中心从某地东方地平线到进入西方地平线,其光线照射到地面所经历的时间的总时数。日照时数是指因为云雾等天气现象的存在,遮挡了部分太阳的辐射后,其余能够直接辐射到地面的阳光照射的时间。日照观测就是测定地面有日照的时间长短,是气象台站进行观测的基本项目之一。

校园气象站一般采用暗筒(乔唐)式日照计来观测日照时数,前文已简单介绍了这一仪器的构造,下面介绍使用方法。

日照观测的结果是利用仪器上的小孔射入筒内的太阳光,在涂有感光剂的日照纸上留下感光迹线取得的,所以要观测日照就必须事先制作具有感光功能的日照纸。

1. 日照纸的制作

日照纸制作的质量,直接关系到日照记录的准确性,对日照纸的制作要特别小心。

(1) 药品及药液配制

要制作具有感光功能的日照纸,首先要配制感光药液。

配制感光药液的药品有:

感光药剂枸橼酸铁铵[枸橼酸铁 $FeC_6H_5O_7$ 与枸橼酸铵 $(NH_4)_3C_6H_5O_7$ 的复盐],又名柠檬酸铁铵,具有极强的感光性和吸水性。

显影药剂赤血盐(铁氰化钾 $K_3[Fe(CN)_6]$),是有毒药品。

配制时,先用两个容器分别配好药液,赤血盐、枸橼酸铁铵与水的比例一般分别为 1∶10 和 3∶10,实际操作时应根据药的质量与气象站实际经验灵活掌握配制。每次配量不能过多,以能涂刷 10 张日照纸的用量为宜(北方及冬季可以稍多些),以免涂了药的日照纸久存失效。

(2) 涂药的方法和要求

混合涂药法:将已配制好的两种药液等量混在一起,搅匀,然后按要求进行涂刷。

两步涂药法:先将已配制好的枸橼酸铁铵药液按要求涂在日照纸上,阴干后供逐日使用。每天换下日照纸后,再在感光迹线处用脱脂棉涂上赤血盐,便可显出蓝色的迹线。

涂刷日照纸应在暗处或夜间弱灯光(最好是红灯光)下进行。涂药前,必须先用脱脂棉把需涂药的日照纸表面逐张擦净(去掉表面油脂,使纸吸药均匀)。再用脱脂棉蘸药液涂在日照纸上,涂药应薄而均匀。涂好药的日照纸应在暗处阴干后暗藏备用,严防感光。涂药后,用具应洗净,用过的脱脂棉也不能再使用。

暗筒式日照计日照纸所用药品质量好坏，以及涂药方法是否得当，是造成该仪器测量误差的主要原因。但只要严格按照操作规程，就能保证记录质量。

2. 换纸操作的注意事项

(1)换纸的时间在每日的日落后，即使是全日阴雨，无日照记录，也应照常换纸，以备日后查考。

(2)上纸时，要注意使纸上10时线对准筒口的白线，14时线对准筒底的白线；纸上两个圆孔对准两个进光孔，压纸夹交叉处向上，将纸压紧，盖好筒盖。

(3)换下的日照纸应立即放入足量的清水中浸漂3~5分钟拿出(全天无日照的纸，也应浸漂)，待显出日照迹线后取出。

(4)取出的日照纸依照感光迹线的长短，在其下描画铅笔线。然后，将日照纸放入足量的清水中浸漂3~5分钟取出(全天无日照的纸，也应浸漂)。

(5)待阴干后，再复验感光迹线与铅笔线是否一致。

3. 日照计的检查与维护

(1)每月应检查仪器的工作情况，如仪器的水平、方位、纬度等是否正确，发现问题，及时纠正。

(2)日出前检查日照计的小孔，有无小虫、尘沙等微杂物堵塞或被露、霜等遮住，如发现类似情况，应立即清除。

第三章 校园地面气象自动观测

自动气象站进入我国中小学校园已经有近20年的历史。近20年来，很多中小学的老师和同学对自动气象站已经有比较深刻透彻的了解，特别是在自动气象站的使用方面积累了相当丰厚的经验。还有不少的老师对自动气象站在中小学校园中的应用进行过刻苦深入的钻研和探究，探寻出许多能够启迪大家的规律，总结出许多相当经典的经验，为推进我国科技教育的进程，加快教育改革的步伐立下了汗马功劳。本章尝试在学习他们成功经验、借鉴他们汗水结晶的基础上，对自动气象站在中小学校园中的应用，再进行一番简单的一般性叙述。

第一节 校园自动气象站的基础装备

气象站是气象工作的基础，校园自动气象站是中小学开展气象科学教育和气象科技活动的基础，是中小学实施科技教育和青少年学生进行探究性学习的一种优秀的载体与平台。因此，校园自动气象站必须按照《地面气象观测规范》的规定和自动气象站的实际运转要求来创建。

一、校园自动气象站基本基础设施的建设

1. 设备的购置与安装

自动气象站经过半个多世纪的发展和进步，已经衍生出很多的种类

和型号。根据《自动气象站实用手册》介绍,自动气象站"按用途分为气候站网用自动气象站、天气站网用自动气象站、中尺度自动气象站等;按设备规模分为单要素自动气象站、四要素自动气象站等;按采集器工作条件分为室内型自动遥测气象站、室外型自动气象站;按使用情况分为有人值守自动气象站和无人值守自动气象站等"。世界气象组织《气象仪器和观测方法指南》(第六版)一书,把自动气象站简单地分成"提供实时资料的自动气象站和记录资料供非实时或脱机分析的自动气象站两类"。另外,从自动气象站技术体系结构上看,大致也有集中控制式和分散式等。经国家气象部门许可生产的自动气象站的型号有十几种之多。

根据自动气象站的分类情况,中小学校在购置自动气象站设备时,要遵循如下几项原则:

(1)必须是国家气象部门许可的专业厂家生产的产品。

(2)一般要选择集中控制式的设备。

(3)测量的要素要满足气象观测的基本要求,即必须具备风向、风速、气压、气温、湿度、降水、蒸发、日照等项目的观测功能。

二、创建校园气象工作室

气象工作室是校园气象站的心脏,是整个校园气象站组织工作的基础,是校园气象观测和气象科技活动的中心。

气象工作室应建在自动气象站设备安装场地的附近,距离不能太远,也不要靠得太近,大约相距30～50米为佳。

气象工作室的面积一般不小于20平方米,如果条件允许或考虑到学生多人参与活动,尽量安排大些的房子,为学生提供自由宽敞的活动空间。工作室的墙壁四周及顶部都要求刷上白色涂料漆,有可能布置一些大型的气象图表、气象科普知识宣传挂图、气象科技活动规章制度、观测员守则等。

气象工作室内要配备计算机,安放室内必备的气象观测仪器与工具,还要置放工作台、文件柜、绘图桌等工作设施。文件柜内置放附属品、备品、耗材、气象观测资料等；绘图桌供绘制天气图和制作天气预报等气象产品之用。工作室内还要安装集中控制和分配供电电源的配电箱等。

三、制定校园自动气象工作规章制度

对于地面气象观测的规章制度,我国的气象科学管理专家和气象科学工作者有着非常丰富的经验和积累。在长期的气象科学工作实践中,他们总结、编制、修改、完善了一系列相关的规章制度,使用于我国气象科学的实践过程。下面的《自动气象站业务规章制度》,可以用来供广大开展气象科技活动的中小学参考借鉴。

自动气象站业务规章制度

（一）值班制度

1. 接班后要打开计算机,进行设备调试。

2. 认真核对上一班的全部观测数据和记录。

3. 严密关注全天的天气变化,认真填写值班日记。

4. 定点观测前,要巡视观测场,检查各种仪器设备的运转情况。

5. 定点观测前,要先进行云、能见度、天气现象的观测与记录。

6. 定点观测时,要认真读取计算机显示界面各气象要素的数据。

7. 注意观察积累本地天气变化的一般特征与现象。

8. 严禁在专用计算机上做与气象业务无关的操作。

9. 保持值班室内的整洁与卫生,不让无关人员进入工作室。

（二）交接班制度

1. 值班员要为下一班值班员创造工作条件,提前做好交接班准备。

2. 交接班的内容有:观测的仪器设备、计算机、观测工具、观测记录、值班日记等。

3. 值班员交接班时要面对面,按顺序分门别类进行交接。

4. 交接班完毕,双方签字,以示负责。

(三)观测场、工作室仪器设备维护制度

1. 保护好气象观测环境,及时清除观测场内的杂物,定期修剪观测场内的杂草。

2. 保持仪器设备的洁净,百叶箱、风竿、风塔、围栏等,每隔1～3年涂油漆一次。

3. 特殊天气后,要及时清障除杂,保证仪器设备的正常运转。

4. 发生故障,要及时与当地气象局取得联系,请求帮助维修或排除故障。

(四)组长岗位职责

1. 提前带领组员做好接班工作。

2. 接班后,对组员进行临时分工(观测读数、记录、校对)。

3. 检查定点观测前的一切准备工作。

4. 督促组员各司其责,认真做好观测记录工作。

5. 督促组员关注当天天气变化和做好值班日记。

(五)观测员岗位职责

1. 提前开机,检查仪器设备的正常运转情况。

2. 定时观测时,认真读取数据,认真做好记录。

3. 及时将获取的数据输入学校电子显示屏,并提示师生应对天气变化情况。

4. 根据读取的数据,结合当天天气变化情况,填写好值班日记。

5. 时刻保持工作室的整洁与卫生。

6. 有序摆放工作室内的观测工具、记录表簿等。

7. 不在计算机上做与气象观测无关的操作。

8. 阻止无关人员进入工作室。

9. 提前做好交接班准备工作。

四、建立校园气象工作档案

档案就是分类保存以备查考的文件和资料。气象科技档案是国家八大专业档案之一。它是每个气象台站在建站之前与建站过程中所形成的各种文件、图纸、数据等资料；特别是自建立之日起就开始进行的各种气象观测活动中所形成的，记载大气中的冷、热、干、湿、风、云、雨、雪、霜、雾、雷电、光等各种物理现象及其发展变化的已归档保存的科学技术文件材料，包括对地面和高空的气压、气温和空气湿度、风向、风速、降水、蒸发、日照、云层和天气现象的观测与气象预报等产生的各种原始记录。如：各种记录簿、照片、自记资料、自动遥测数据，以及报表、天气图、整编成果和其他有关的技术文件材料等。

校园气象站的工作虽然与专业气象部门的科技工作有区别，但建立气象科技档案却是一项不可或缺和忽视的工作。因为，校园气象科技档案不但是校园气象科技活动的历史印记，本地气象要素、天气、气候状况的客观记录，而且还凝聚了各届学校领导、参与师生的辛勤劳动、集体智慧、创造思维和无私奉献。它既是学校宝贵的历史财产，也是学校科技教育、素质教育、教育改革的客观真实记录。

校园自动气象站的档案大致可以分为下列几类：

① 校园气象科技活动组织构建档案。

② 年度校园气象科技活动计划部署与总结档案。

③ 校园气象科技教育档案。

④ 校园气象科技探究性课题档案。

⑤ 普及性校园气象科技活动档案（包括：气象科技论文、气象征文、气象知识竞赛、探究性气象科技学习、气象调查、气象夏令营活动等小分类档案等）。

⑥ 校园气象科技活动荣誉档案。

此外，各学校还可以根据各自所开展的气象科技活动特色再行分类建档。

校园气象观测是校园气象科技整体活动的重要组成部分,也是一项相当复杂细致的活动。因此,校园气象观测也必须分类建档。

① 校园气象站建站档案(包括本站经纬度、海拔高度、能见度目标物、各种规章制度等)。

② 气象观测组织构建档案。

③ 气象要素观测记录档案(包括记录簿、自记资料、自动遥测记录资料、气象报表、气象图表、天气预报等)。

④ 气象站仪器装备档案。

五、配置校园气象观测工具

气象观测工具是气象观测人员用来完成气象观测的物件,是专业气象站和中小学校园气象站都必须配置和不可或缺的工具。

1. 配置的气象观测工具

所谓配置的气象观测工具,指的是专业气象站和中小学校园气象站都无法自行制作,都必须从社会相关专业制造单位购置的工具。具体请参见本书第二章第二节。

2. 购买系列自动气象站观测和活动参考工具书

可供校园自动气象站进行观测和开展气象科技活动的参考工具书不是很多,目前有以下几种可供参考。

书名	原著编者	出版年份
地面气象自动观测规范	中国气象局	2020
气象行业标准——自动气象站	中国气象局	2020
气象行业标准——便携式自动气象站(455—2018)	中国气象局	2019
综合气象观测技术保障培训系列教材——自动气象站	敖振浪	2018
气象行业标准——自动气象站信号模拟器	中国气象局	2017

续表

书名	原著编者	出版年份
地面自动气象站实时资料自动质量控制	封秀燕	2017
中小学气象科技探究实践	浙江省气象学会校园气象协会	2017
中小学气象科技活动指南	任咏夏	2016
新型自动气象站实用手册	中国气象局气象探测中心	2016
气象行业标准——自动气象站数据采集器现场校准方法	中国气象局	2016
自动气象站铂电阻温度传感器	中国气象局综合观测司	2015
自动气象站翻斗式雨量传感器	中国气象局综合观测司	2015
自动气象站气压传感器	中国气象局综合观测司	2015
新型自动气象站观测业务技术	黄思源	2014
行标——地面气象观测规范第17部分:自动气象站观测	中国气象局	2014
自动气象站实用手册	李黄	2009
自动气象站原理与测量方法	胡玉峰	2009

六、制作校园自动气象站专门网页

气象信息网页是校园自动气象站的信息窗口,是全体师生接触气象的快捷通道。因此,创建气象信息网页是校园气象站建设的一项重要工作。

校园气象信息网页应包括如下内容:

1. 首页界面设置

首页界面设置应显示下列内容:

(1)校园气象站名称。

(2)本站位置,包括经纬度、海拔高度。

(3)即时时间显示。

(4)实时气象信息。实时气象信息就是实时气象要素数据的显示,用图表和文字两种形式或同时并存的方式来表现,并且随着自动气象站的信息输送频率设置,3秒或5秒钟更新一次。

(5)校园天气预报。

(6)未来6天天气预测。

(7)各栏目名称。

(8)友情链接等。

2. 栏目设置

气象信息网页应该设置如下几个基本栏目:

(1)气象资料查询:这个栏目应该包括历史纵向时间各气象要素数据;历史报表查询;历年各要素极值等内容。

(2)气象科普:这个栏目要录入一些最基础的气象科普知识,而且要求具有通俗性、趣味性等风格。

(3)气象科技活动信息:这个栏目包括气象科技活动计划、活动实录、体会等,用文字和图片等方式表现。

(4)探究性学习:这个栏目要包括探究性学习的课题、计划、实例、经验、体会、大自然日记、图片等内容。

另外,还可以根据自己学校的特点和今后发展的方向设计一些相应的栏目。

校园气象信息网页,国内有很多可供参考的实例。我国台湾省的台北市,除了"台北市校园气象台"外,还有80多所中小学都建有气象信息网页;香港特别行政区有"香港联校气象网";北京有"北京市气象科普馆"网。

浙江省岱山县秀山小学有一个很具特色的校园气象信息网,这个网

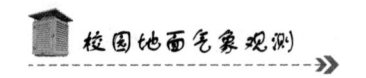

站曾被评为"浙江省优秀教育网站",是一个极有参考价值的校园气象信息网。

单独的校园自动气象站,在完成基本基础设施的建设、校园气象观测工具的配置和气象信息网页的创建等工作以后,就已经基本竣工可以交付使用了。

第二节 校园自动气象站的工作原理

自动气象站是大气探测中一种安装在地面的,能够自动收集、处理、存储和传输气象信息的装置。目前,世界各国和我国各地都在生产各种类型、各种型号的自动气象站,但不管是哪种类型、哪种型号的自动气象站,它们的结构基本相同,都是由硬件(设备)和软件(测量程序)两大部分构成。

一、自动气象站的硬件组成

一般来说,一个自动气象站的硬件包括传感器、采集器和外部设备三大部分。它们的组成结构如图 3.1 所示。

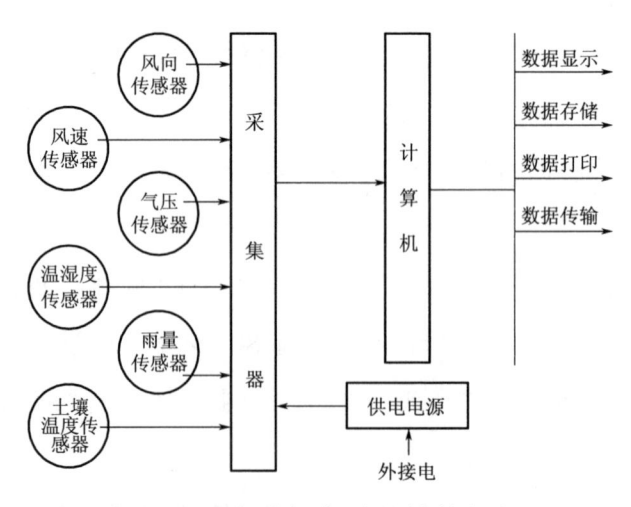

图 3.1 自动气象站的结构框架

1. 传感器

传感器是一种能够对规定的被测量对象进行感受测量,并且能够将感受测量的结果按照一定的规则转换成可用输出信号的装置,它一般环绕在自动气象站机箱的四周安装,通过一定的方式连接到采集器上,用于对大气变化信息进行感受测量与输出。传感器可以分为模拟、数字和智能传感器三类。

模拟传感器是最通常的传感器,输出的是电压、电流、电荷、电阻或电容,通过信号整形,然后再把这些基本信号转换成电压信号。

数字传感器是带有并行数字信号输出的传感器,输出由二进制位或由二进制位组组成的信息,以及那些输出脉冲和频率信号的传感器。

智能传感器是一种带有微处理的传感器,具有基本的数据采集和处理功能,可以输出并行或串行信号。

目前,各种自动气象站中所采用的基本上都是智能传感器。智能传感器通常由敏感元件和变换元件组成。

传感器中的敏感元件是直接对被测量对象进行感受测量的元件,它还能将感受测量结果用信号输出。

传感器中的变换元件(也称转换器),是一种能够将敏感元件输出的信号转换成标准电信号输出的元件。

自动气象站中的传感器是直接从大气中获取信息的前沿装置。因此,传感器的准确可靠与否是直接影响自动气象站观测结果的关键部位。传感器的构成如图 3.2 所示。

自动气象站常用的传感器有:

(1)气压传感器:通常采用振筒式气压传感器、膜盒式电容气压传感器两种。

(2)气温传感器:通常采用铂电阻温度传感器。

(3)湿度传感器:通常采用湿敏电容湿度传感器。

(4)风向传感器:通常采用单翼风向传感器。

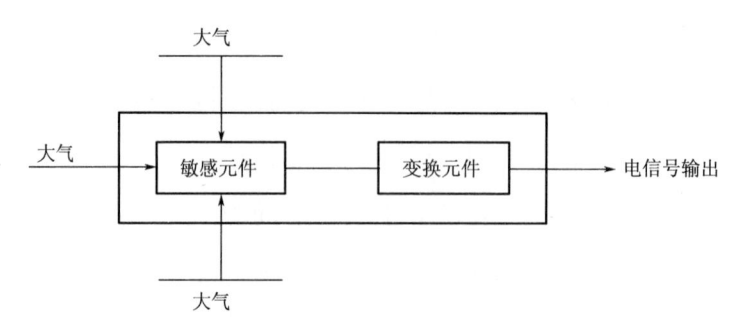

图 3.2 传感器的构成

(5)风速传感器:通常采用风杯风速传感器。

(6)雨量传感器:通常采用翻斗式雨量传感器。

(7)蒸发传感器:通常采用超声测距蒸发量传感器。

(8)辐射传感器:通常采用热电堆式辐射传感器。

(9)地温传感器:通常采用铂电阻地温传感器。

(10)日照传感器:通常采用直接辐射表、双金属片日照传感器两种。

2. 采集器

采集器也称中央处理系统(CPS),是自动气象站的核心装置。它的主要功能就是从传感器输送来的信号中采集数据,然后将采集到的数据转换为计算机可读的格式,并通过内部的微处理器,按照规定的计算方法进行运算处理和质量检测。再按照规定的数据格式,把这些经过运算处理的观测值存储在存储器内,还能够把这些数按规定的要求响应传输。

由于采集器具备了数据采集、处理、存储、传输及系统运行管理等功能,因此,采集器构成也就比较复杂,一般必须具备传感器接口电路、微处理器、存储器和通信接口等模块。

传感器接口电路是传感器将感受到的大气要素信息输送给采集器的传输通道,是由集成电路芯片构成。它具有集成度高、HP 兼容、适应性强和自动校准等特点,可以为传感器和微处理器之间提供方便、可靠的接口功能。

微处理器是采集器内部对从传感器中输送来的大气信息进行运算处理,并对处理过程进行质量控制的部件,是一个大规模集成电路构成的器件。微处理器一般由算术逻辑单元、累加器、通用寄存器组、程序计数器、时序和控制逻辑部件、数据与地址储存器、缓冲器、内部总线等组成。

存储器是采集器中用来存放数据的部件,采集器中的所有信息,包括传感器采集到的原始数据,经过运算处理的气象观测值等信息都能保存在存储器中,并且能够根据控制器指定的位置存入和取出。存储器是采集器中的记忆部件,有了存储器,采集器才具有记忆功能,才能保证正常的工作。

一个存储器包含无数个存储单元,每个存储单元又由若干个存储元组成。一个存储器所包含的存储单元越多,它的容量就越大。目前存储芯片的技术已经有了飞跃的发展,应该说自动气象站的存储要求完全可以得到满足。

通信接口是指采集器连接上网计算机之间的信息传输通道。它也是由集成电路芯片制成,可以同时传输若干不同的大气信息。

采集器的结构如图 3.3 所示。

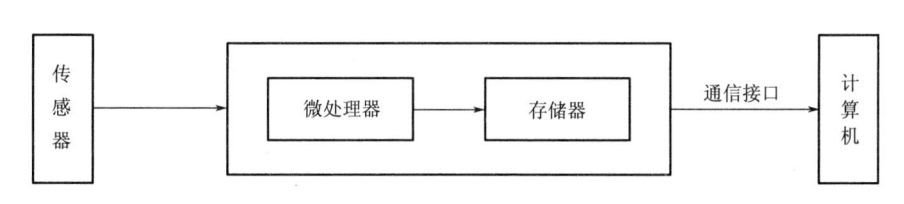

图 3.3 采集器结构框架图

3. 外部设备

自动气象站的外部设备是指除传感器、采集器以外所配备的设备。这些设备通常包括供电电源、实时时钟和计算机等。气象部门的自动气象站还要配备监控检测设备和通信传输设备。中小学校园中的自动气象站就没有必要配备,如果要多校联系组网,那么再配备一套通信传输设备就可以了。

自动气象站的供电电源是非常重要的,无论在什么情况下都不能间断供电,因此,绝大部分自动气象站都采用蓄电池作为基本电源,用市电、太阳能或其他能源作为蓄电池的补充电源。自动气象站的蓄电池是一块 12 V 免维护电池,这块电池是具有很高稳定性、安全性和抗干扰能力的直流电源。这种蓄电池一般安装在电路板上,体积不大,但维持的时间却比较长,一般可以维持几年。这种电源被称为内部电源,它常常用来给日期时钟供电,用以保证日期时间的连续;同时也用来给存储器供电,用以保证重要的数据或信息不至丢失。这种蓄电池还可以使用外部电源通过充电控制器对它进行充电。

实时时钟是气象站必配的设备,而且还必须严格按照北京时间标准 24 小时连续运行。如果大规模组建自动气象站网,保证资料采集时间的统一性,时钟统一系统必须作为重要的关键环节进行实时时钟质量控制。

计算机是自动气象站中的业务终端设备,是自动气象站进行数据显示、存储、打印、传输的必配设备,也是人机接口的主要媒介。

此外还要配备一台与计算机连接的打印机。打印机是自动气象站的输出设备,可以打印出实时与非实时的数据显示、报文、报表等。为了便于打印气象观测数据报表,一般选用宽针式打印机,也可以选用喷墨或激光打印机。

二、自动气象站的软件结构

软件是一系列按照特定顺序组织的计算机数据和指令的集合,是程序设计的最终结果。软件是计算机的灵魂。自动气象站的运行必须依靠一定的软件来支撑。自动气象站的软件具有如下主要特征:

(1)具有可靠的数据采集功能。

(2)具有良好的上下通行通信能力。

(3)能够完整地描述和表达自动气象站的各项基本信息。

(4)能够使数据文件标准化。

（5）能够遵循观测规范，准确无误地执行各项观测任务。

（6）能够有效地对自动气象站实施终端维护与保障等。

支撑自动气象站运行的软件有两个：一个是采集软件，一个是业务软件。

采集软件在采集器中运行，是自动气象站用于完成气象观测数据的采集、数据处理、数据存储、数据传输等任务的应用软件。采集软件具有同时对多个气象要素采集和处理的功能，依靠采集软件的支撑，采集器才能顺利地完成地面气象各要素的观测任务。

业务软件在计算机中运行，是支撑自动气象站完成数据获取、资料处理、数据显示、编发气象报告、编制气象报表等任务的应用软件。自动气象站依靠业务软件的支撑，才能顺利地完成气象站业务所需求的各项任务。

三、自动气象站工作原理

当天气发生变化的时候，大气中的各种要素值也发生了变化，随着气象要素值的变化，自动气象站各传感器的感应元件也受到了影响，使它在感受时输出的电信号也产生了变化，这种变化的电信号被实时控制的数据采集器所采集。采集器所采集到的这些电信号，经过线性化和定量化处理，把电信号的工程量转换为气象要素值，然后再对气象要素值数据进行筛选，得出各个气象要素观测值，并且按一定的数据格式存储在采集器的存储器中。

自动气象站的计算机把这些气象要素观测值显示在计算机的显示屏上，并按规定的格式存储在计算机的硬盘上。在定时观测时刻，还将气象要素值存入规定格式的定时数据文件中。同时，还根据业务需要编制各种气象报告，形成各种气象记录报表和气象数据文件，随时提供给需要使用的用户。自动气象站工作流程如图3.4所示。

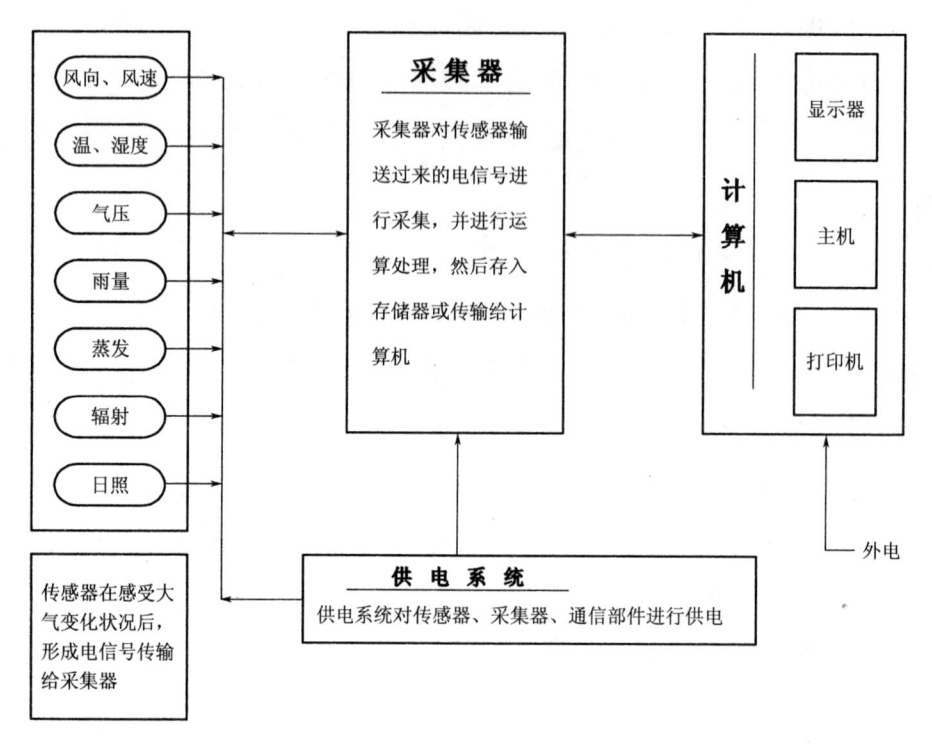

图 3.4 自动气象站工作流程图

随着社会发展,需求也在不断变化和增长。例如,设置更多的站点和测量更多的变量,增加资料传输次数,使用新的数据格式,改进仪器性能。因此,自动气象站的硬件和软件必须适应新的需求。如果自动气象站是基于模块化设计的,就能很好地适应这一需求。但是,适应需求的过程和测试工作一般比预想要复杂得多。完善设计的自动气象站应预设可选项目,以便改变系统的配置和参数。自动气象站较理想的其他特点是:包括备用电源,安装架中留有空间,有备份的通信接口,有备份的资料处理能力,以及灵活的软件环境。

第三节 校园自动气象站日常运转机制设计

自动气象站就像一部永不停歇的机器,夜以继日、常年累月地永恒运转。然而它的任务比较单一,只需每天出品类似的气象产品提供给各行各业,同时把常年连续不断的观测记录留给历史。它的运转机制也比较简单,国家配备给气象站一定的组织机构,安排专职工作人员日夜轮流值班就可以了。

校园自动气象站的任务就比较复杂。它除了保持连续不断的气象观测记录外,更重要的任务是为学校完成气象科学教学任务,为学生学习和科学探究提供平台。同时,校园自动气象站没有国家专门配给的专职工作人员,夜间无法安排人员值守,白天师生还有上课任务,学校还有节假日和寒暑假等。所以校园自动气象站要与常规气象站一样运转确实有许多困难。但是,根据学校的特殊性,还是可以设计一套专供校园自动气象站参考采用的运转机制方案。

一、以气象观测小组为核心,进行常规气象观测

校园自动气象站不同于其他室外课程资源,它需要和常规气象站一样风雨无阻地不停运转,保持常年不断的气象观测记录。因此,要"真刀真枪"地学科学、用科学,使校园自动气象站长年不息地正常运转,就必须要有一个以学生为主体的组织严密、制度健全、分工明确、纪律严明、认真负责的气象活动组织机构,开展丰富多彩的气象科技活动,并进行常规的气象观测。

校园自动气象站的组织机构,一般由辅导员、站长、副站长和若干气象观测小组构成,学校中一切与气象相关的活动都由这个组织机构统一规划布置,并组织实施。气象观测小组由组长、观测员、记录员等构成,在进行常规气象观测时,由校园自动气象站的观测组织机构统一编排,轮流进行常规的气象观测。

气象观测小组的气象观测活动,按照气象业务部门的规定进行。一般每天进行两次定时观测,同时进行两次定时气象资料的补记工作。定时观测的时间一般定为每天的08时和14时,补记记录一般是02时和20时的气象资料。

校园自动气象站的观测工作采取轮流值班制度，可以是一天中不同观测时间由不同小组轮流负责，也可以是每个小组负责一天或一周的观测。双休日、节假日的资料补记由节后第一班小组进行。寒、暑假可采取自愿报名重组的方法进行，以保持常年观测记录不间断为宗旨。

二、创建气象特色学校的活动

创建气象特色学校是提高学校的知名度、打造品牌学校、扩大学校对周边良好社会影响的有效途径，并且对深化教育改革、发展素质教育、提高学校教育教学水平、推动学校整体全面发展等都是十分有力的措施。但创建气象特色学校并不是一件容易的事情，它需要学校领导充分重视、全体老师共同努力、全校学生踊跃参与积极投入，而且还须做好如下几方面工作：

（1）要求培训多名能够掌握气象科学理论知识，熟练掌握气象观测、气象预报等技能技术的教师，共同参与气象特色学校的创建工作。发动全体教师把创建活动渗透到课堂学科教学、班级活动、学生生活当中去，"固化"在一切常规活动中，并能持之以恒。

（2）积极开展与气象特色相关课题的教科研活动。加强对气象相关课题的研究，创出气象特色教科研活动的最高境界。教科研水平反映一个学校的办学水平，因此，要努力争取相关的教科研活动成果，以报纸、杂志、广播、电视等为媒体进行宣传，在全地区、全省乃至全国范围打出品牌。

（3）要积极开展气象宣传和科普活动，采取多样化手段，努力营造出校园气象文化、校园科学文化、校园科普文化的氛围。利用影视片、幻灯片、气象科普书籍等定期对全校学生进行气象科普教育；利用黑板报、宣传栏、简报、标语等形式在学校中进行气象科普宣传；开展气象知识、气象应用、气象故事等演讲活动，在校园内营造出爱气象、讲气象、学气象、用气象的科学氛围。

（4）组建校园气象中心，建立一套严密而科学的管理制度、学习制度和科学探究制度,将气象科学学习与探究贯穿到学生的学习与生活当中去。积极组织和鼓励学生参加社会性的青少年科学实践活动,并要求他们将科学实践活动中的收获和体会写成文章,争取得到青少年辅导机构和科研单位的指导与认可。

(5)积极与本地区专业气象部门进行横向联系或联谊。邀请气象专职人员到学校进行气象专题讲座;组织师生到专业气象站去参观学习交流。了解气象科学发展现状和现代化气象技术装备,了解现代气象通信技术和天气预报技术。

创建气象特色学校是一项艰难的系统工程,需要长期规划,不断改进,逐步完善,持之以恒;需要投入大量的人力、物力和财力才能完成。另外,创建气象特色学校的方法、方式还有很多,在探索的过程中也会探究出多种途径。

三、定期组织和接纳共享群体

校园自动气象站是一项完成气象科学教学内容的教育技术装备设施。它应在学科教学中发挥积极作用,但它与其他学科的仪器又有本质的区别。它不像演示仪器一样由老师演示一次或多次就能使学生明白一个原理或道理;它不像分组实验仪器一样让每个学生都能动手做一次实验。它是气象科学体系专用仪器的科学整体组合,有着自己特有的特点。学科教学不可能一次涉及整个科学体系的全过程。因此可以考虑参考下列方式进行学科教学实验活动:

(1)结合学科教学内容,利用校园自动气象站,组织学生对涉及课堂内容的气象观测项目进行重点学习,由指导老师、任课老师或气象观测小组成员详细介绍该项目观测过程和仪器工作原理及观测数据的记录方法等。

(2)在不影响正常正点观测的前提下,可组织班级同学按规定操作方法进行轮流操作,但要有气象观测小组的成员或老师在场把关。

(3)课余时间,值班的同学应热情接待前来参观学习的同学,并认真地为他们讲解气象观测的过程,解答他们提出的问题。还可以和他们一起进行个别特定项目的适时观测和深入探讨,以帮助他们巩固课本知识,并补充和拓展课本外的知识,特别是设法引导他们对气象科学的兴趣。

四、定期开展专题科学探究活动

科学探究是教育改革的热门话题和时髦形式,确实也是寻求学习方法、方式的极佳途径。因此,在校园自动气象站内定期开展气象科学专题探究,是一项非常有益的科学学习、科学普及、素质教育综合实践活动。探究课题的设计可以从如下几方面入手:

(1)配合课堂教学进行选题。中小学每学期都可能有涉及气象知识的学习内容,根据这部分内容,设计几个新颖的探究课题,由气象小组牵头,在全校学生中展开探究实践活动。探究的形式可以是个人、小组、班级。探究的结果可以通过汇报会、论文评选等方式进行。

(2)结合学校所在地区的气候特点进行选题。所谓地区气候特点的探究就是对区域小气候的调查研究,其实也就是研究乡土气候的一种方式。乡土地理学习是地理课教学的重要内容之一,因此要围绕地理课程的教学要求进行多种探究课题的设计。

(3)从气象服务角度设计探究课题。学校的周围可能是城市、农村、厂矿、海滨渔港,也可能是机场、高速公路等,这些对象都需要气象部门为其服务。我们可以根据他们的特点进行气象服务探究课题的设计与活动。

五、定期进行小结评比

总结过去是展望未来的基础。成绩要肯定,缺点要改正,为保证气象观测的质量,充分调动学生的积极性,应进行一月一次的小结讲评。表扬技能技术好、工作认真负责及思想品德等方面突出的观测员。每学期进行一次评比,对各方面表现优秀的观测员报学校批准予以适当奖励。

校园自动气象站需要时时、日日、月月、年年不停地永恒运转下去。其中除了直接参加气象观测的同学不懈努力外,还须取得学校各科任课老师、班主任、校领导、少先队、共青团组织、学生家长等的大力支持。只有群策群力才能使校园气象站这一课程资源得到有效利用,发挥其应有的作用;才能在促进学生素质的不断提升、增强学校美誉度诸方面显现出良好的效果。

第四节　校园地面气象自动观测的组织

气象观测是校园气象站的一项重要工作,也是开展气象科技活动的第一步。校园自动气象站的建立,只是省略了人工观测环节,其他的工作都和普通校园气象站一样。因此,自动气象站的校园观测还是必须按部就班地进行。

一、建立校园气象观测小组

气象观测小组是学校开展气象科技活动的基本组织建制,是常年坚持与进行气象科技活动的基本实体。学校要开展气象科技活动,首先要建立一个气象观测小组。

1. 校园气象观测小组的规模

从我国目前已经建立气象观测小组的学校情况来看,人数少的学校气象观测小组只有十来个人,人数多的学校气象观测组有80多个人。为了使气象观测活动能长期持久地坚持下去,建议一般控制在30～50人为最佳。开展观测活动时,再将他们分为若干小组,一组为5人左右,轮流进行观测。

2. 校园气象观测小组的技术培训

气象观测小组成立以后,首先要对气象观测小组成员进行气象科学技术培训。

(1)培训内容

① 观测的气象要素。其中目测的项目有能见度、云状、云量、云高、天气现象等;器测的项目有风向、风速、气温、湿度、气压、降水、蒸发、辐射、紫外线、日照等。在培训时要讲清楚每个气象要素的基本概念和这些要素的变化对天气的影响。其中目测项目要反复宣讲,反复训练,手把手地教会他们。

② 自动气象站的功能与使用,包括介绍自动气象站的结构原理和使用方法。

③ 气象观测的方法和记录。要按气象观测的要素逐个讲解并示范。其中难度比较大的是目测的气象要素项目,必须反复讲解判断方法和技术。

(2)培训方法

① 课堂传授。专业课老师或气象专业技术人员按照上述内容,根据编好的讲义在课堂上进行传授。在传授的过程中,除了课本外,还应有直观教学用具,如气象仪器、云图等。

② 实地示范。在培训过程中,老师要带学生到观测场内进行气象观测示范。多让学生自己动手操作训练。

③ 参观气象台站。参观气象台站的目的不是参观,而是请气象专业技术人员讲解和示范。这种培训方法能使学生有接近科学、置身科学的感觉,提高他们的学习积极性和兴趣感。

气象观测员选拔和培训,学校每年都要进行一两次,因为每年都有学生毕业离校,每年都要给气象观测组增补新的成员,而增补新的成员都要用这种方法来实行。只有用这种方法才能保持气象观测员队伍的相对稳定,校园中的气象观测活动和气象资料积累才会保持长期连续不断,连续不断的气象资料才有价值。

二、校园自动气象站的观测时间、项目和顺序

请参见本书第一章第三节。

三、气象观测的数据记录

观测员在每天观测时,必须做好气象观测记录。记录的具体要求见表3.1。

表3.1 各观测项目的记录与要求

序号	观测项目	单位	记录要求	备注
1	云量	成(十成法)	整数	平均值取小数1位
2	云高	米	整数	
3	能见度	千米	小数点后1位	第2位小数舍去
4	气压	百帕	小数点后1位	
5	温度	摄氏度(℃)	小数点后1位	零以下加记"－"号
6	相对湿度	百分率(%)	整数	
7	风向	方位(十六位法)	一个方向	静风记"0"
8	风速	米/秒	整数	平均值取小数点后1位
9	降水	毫米	小数点后1位	不足0.05毫米记0.0
10	蒸发	毫米	小数点后1位	
11	日照	小时	小数点后1位	

四、自动气象站的校园观测应该注意的事项

校园自动气象站在组建了气象观测小组、实施了技术培训以后,就可以进行常规的气象观测了。在气象观测的过程中,除了按照规定的时间、项目、顺序等进行观测外,还必须注意如下事项:

1. 严格遵守地面气象观测规范和各项业务规定

自我国使用自动气象站以后,中国气象局重新制定了《地面气象观测规范》和自动站运行的业务规定。这些规章制度都是确保自动气象站正常运行的有力措施,是必须严格遵循的工作准则。观测员应注意掌握这些业务规定,并严格执行。

2. 加强业务学习,努力提高技术水平

(1)平时应加强计算机技术业务学习和基本功的训练,熟练地掌握计算机操作技术。

(2)积极参加各种业务学习和技能比赛,在学习中提高,在比赛中找差距。不断提高自身的业务技术水平。

3. 严格操作,做好数据备份

(1)自动气象站是能够自动采集和传输数据的,但也会出现异常情况。因此,观测员在接班时应该认真校对上一班的观测记录,避免产生错情。

(2)每天要对计算机的时间进行对时校正,对时的时间是19时。

(3)每天定时巡视仪器,正点前10分钟巡视仪器时,查看采集器数据是否在正常值范围内,正点后30秒时巡视,看仪器是否能够进行正常的数据自动下载,如不正常时要人工进行下载。

(4)对自动气象站的正点地面常规要素数据文件要经常查看,如有缺漏应及时补充下载。

(5)注意做好重要文件的备份,观测任务参数、台站参数等重要文件要注意做好备份。每日20时在整理、校改完成当天数据后,启用"遥测参数"菜单下的"数据备份",将该日数据备份。

(6)对不正常的记录,应该按照《地面气象观测规范》及技术规定进行处理,保证每天输入的记录都是完整无误的。

4. 加强对设备的维护和管理

为了尽量减少由于设备的使用或维护不当引起的差错事件的发生，应当加强对设备的维护和管理。

(1)每年都要对自动气象站的防雷设施进行至少两次检测，并做好备案。

(2)保持设备的正常运行，维护好计算机、传感器，避免计算机病毒对系统的破坏，按要求安装防火墙或还原系统。

(3)一旦出现故障，应区分故障发生的原因，看是由于硬件还是软件造成的，如果是硬件问题应及时更换备份计算机；如果是软件问题，及时还原或重新安装系统。

(4)台站应建立异常情况的登记档案，详细记载异常情况出现的时间、表现以及最终的解决办法和恢复正常的时间等内容。

(5)及时删除过时的文件。可在每月的15日左右删除上月的一些临时文件，如写字板文档等，避免因无用的文件过多影响系统的正常运行。

随着气象科技现代化手段的不断应用，自动气象站以其方便、快捷、准确、高效等特点在气象业务的大气探测中发挥着越来越重要的作用。作为自动气象站的观测人员应加强学习、加强实践，尽快熟悉、掌握自动站的各项新技术，不断提高业务技术水平和工作能力，认真总结经验，充分发挥自动气象站的作用。校园自动气象站的观测员也应该按照气象业务中观测员的标准严格要求，使校园自动气象站的观测也同样具有科学性。

第四章　校园地面气象观测记录

地面气象观测记录簿记录了各台站的原始观测资料，观测员每天要认真细致地及时填写好其中的各项内容，《地面气象观测规范》对气象观测记录也作了严格的要求。

为了保证所记录数据的准确与完整，减少测报错情的发生，应从整体和细节两个方面填写好观测簿。

整体上要注意：

(1)一定要用铅笔书写。

(2)观测簿内所有填写的内容，字迹要求工整、清楚、美观，不出现涂改、伪造和书写怪体字等现象。

(3)善于作整体对比。坚持把当天填写完的记录与前些天的记录一一进行比较，注意哪天多填写或少填写了什么，并弄清楚为什么是这样填写。

细节方面须注意：

(1)注意正确地填写观测簿封面各项以及封里年、月、日。

(2)注意签名。

(3)注意小数点。

(4)注意特殊情况下云况、能见度、天气现象的填写。

(5)注意填写观测簿内备注栏和纪要栏。

第一节　校园气象观测小组成员的分工

校园气象科普教育必须组织一个相对稳定的团队,这个团队承担着学校气象科普教育的全面事务,统领着气象科技活动的实施与开展。团队由两类不同成分的人员构成:一类是学校的老师,一类是在校就读的学生。

一、老师团队的组织形式

我国中小学的机构设置普遍由校长、办公室、政教处、教务处、总务处、团委、少先队、学科教学组等构成。这些处、室、组的老师都可以参与校园气象观测团队的领导、指导和具体活动。从国内目前的情况看,大约有如下几种形式:

1. 团委、少先队领导

初、高中由团委牵头,小学由少先队领导,这种形式历史最为悠久。共青团和少先队是青少年的先进组织,对要求进步的青少年学生极具号召力。我国自20世纪50年代初,气象观测作为共青团、少先队的活动项目,在校园中开展得如火如荼,并取得了辉煌成果。新中国成立以来,"红领巾气象站"的名称遍布全国,并且长期持续不衰。目前,国内仍有大批的"红领巾气象站"存在,仍由团委、少先队领导。

2. 校长室领导

实施科技教育和创建特色教育学校是当前国内盛行的教育改革热潮,因此国内也有很多中小学由校长或副校长直接参与领导校园气象科普教育。如:福建省宁德市霞浦县第十八中学、浙江省温州市第二十三中学、上海市普陀区恒德小学等。

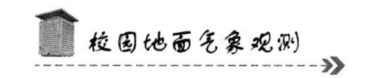

3. 总务处参与领导

由于校园气象科普教育和气象科技活动的开展需要有一定的经费支持，而总务处负责学校的经济、校产调节，由总务处参与领导，能为学校的气象科普教育和气象科技活动涉及的设备维护和添置提供诸多方便，省却了许多申请和审批的环节。如：浙江省杭州市萧山区新围小学，该校就是由总务主任担任学校气象小组的牵头人，其设备的维护保障和活动开支就相对方便很多。

4. 学科老师单一负责

有好多学校因为编制紧张，人手不够，又不想放弃气象科普教育，因此只指派一位相关学科的老师单一负责；有的学校因为个别老师对气象科普教育情有独钟，自告奋勇承担；还有的学校规模较小，不需要很多人一起上阵。这样就形成了一校一人单一负责的状态。这种情况在国内最为普遍。

5. 学科组全体老师集体负责

有的学校规模较大，虽然教学任务比较重，但人手还是比较富余，为了不使校园气象科普教育的重任落在单个教师身上，于是学校就让学科组的全体老师共同负责。小学与初中一般由科学组集体承担，高中一般由地理组集体承担。这种案例在全国范围内比较多。

6. 多学科老师交叉组合参与负责

有的学校充分认识到气象是多学科交叉的科学，它在学校中辐射到多门学科，诸如语文、数学、化学、物理、美术、外语等学科。为了使校园气象科普教育渗透到各门学科中去，学校专门指派多门学科的骨干教师优化组合共同参与。这样既可以发挥学科特长优势，又可以向各学科深入发展。如：福建省宁德市霞浦县第十八中学的校园气象科普教育指导组就是由多学科的教师联合组成的。

二、学生团队的组织形式与结构

校园气象科普教育团队除了要有老师参与负责指导外,还要有学生参与组成,而且还是团队的主力军,主要的教育、培养、训练对象。

1. 学生团队的组织形式

学生团队的组织是校园气象科普教育中的一项重要工作,根据学校的教育培养目标,基本可以分为下列 4 种形式:

(1)单一年级段全体式

单一年级段全体式就是在学校多个年级中选择一个年级,让全体学生一起参与。这种方式,小学一般在三、四、五年级中选择一个年级;初中一般在七、八年级中选择一个年级;高中一般在高一、高二年级中选择一个年级。然后按照原有的学习小组,轮流进行气象观测和系列气象科技活动,使该校毕业的每一位学生都有 3～5 次气象观测和系列气象科技活动的经历。

(2)跨年级段选拔式

挑选本校不同年级段的学生组成一个 30～50 人的气象科普教育团队,小学一般在三、四、五年级学生中挑选;初中一般在七、八年级学生中挑选;高中一般在高一、高二年级学生中挑选。每班挑选的人数根据学校一个年级段平行班的数量来确定,以满足团队总人数为限。

(3)社团活动组织式

社团活动组织形式是打破班级、年级的界限,采取自愿报名的方法组团。报名给出时限,以团队的规模限额。

2. 学生团队的组织架构

学生团队组成以后要形成一定的架构,首先是给团队取一个具有地方特色或与时俱进的名称,如塘河气象站、彩虹气象站、蓝天气象站等,名称前冠以学校名称。其次是选出站长 1 人,副站长 2～3 人。再则就是将团队分为若干小组,每组以 3～5 人为佳,每小组选出组长和副组长各 1 人。这样,学校气象科普教育团队就形成了如图 4.1 的组织架构。

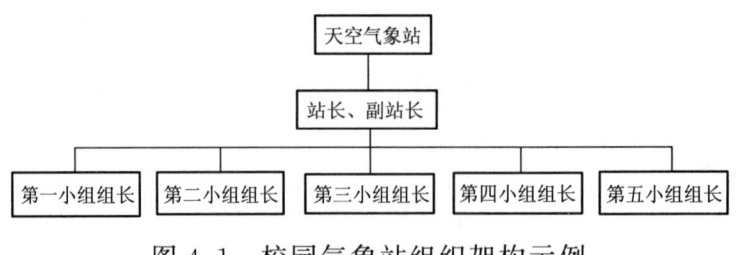

```
              天空气象站
                 │
             站长、副站长
    ┌─────┬─────┼─────┬─────┐
第一小组组长 第二小组组长 第三小组组长 第四小组组长 第五小组组长
```

图 4.1　校园气象站组织架构示例

3. 校园气象科普教育团队的岗位职责

校园气象科普教育团队组成以后,为了便于管理和活动开展,需要设立相关的岗位,配备相关人选,形成严密的组织架构,驱动团队活动正常运转。这些不同的岗位都有不同的职责:

指导老师——负责团队学期或学年活动计划的编制、实施、总结;负责团队的常规管理、技术指导和活动过程监督。

站长、副站长——协助老师完成计划的编制、实施过程的监督,以及团队活动的常规管理;带领团队全体成员认真有效地完成一切任务。

组长——带领小组成员完成每天的气象观测,完成团队活动中的每一项具体任务。

三、校园气象观测小组成员的分工

气象观测是校园气象科普教育和气象科技活动的最基本、最重要的环节,是团队必须每天坚持不可中断的基础活动。这项基础活动由团队中的小组轮流完成,而小组成员在完成气象观测任务时也扮演着观测员、复读员、记录员、校对员等不同角色,不同角色也有不同的职责:

组长——负责组织观测活动的全过程,掌握好观测时间、观测项目、观测顺序、观测技术,记录结果,并做好交接班工作。

观测员——负责按时间与顺序完成目测项目和器测项目的观测工作。

复读员——负责对观测员观测结果的复读。

记录员——负责将观测员和复读员获取的量化数据记录到观测记录簿中。

校对员——负责监督记录簿中所记的数据与观测员获取的数据是否一致。

气象观测小组中的成员应该相对固定，不要轻易变动，但在不同时间的观测任务过程中可以互相变换，尽量做到每一个成员在不同时次的观测中能够轮换担任不同的角色。

总之，在开展校园气象科技活动时，首先要明确老师只是组织者、主持者、引导者和指导者，学生是活动的参与者、受锻炼者，是教育、培养的对象。

第二节 地面气象观测目测项目的记录

在气象观测中，虽然科学的发展已到了一定的高度，但目测项目仍然属于定性测量，即使有些项目可以用数字来表达，但仍是一种估算和判断。因此在观测与记录方面，《地面气象观测规范》也作出了特殊的规定，校园气象站的观测与记录也应严格遵循。

一、云的观测记录

1. 云状记录

《地面气象观测规范》云状记录按"云状分类表"中3族10属29类云的简写字母记载，详见本书第二章第三节表2.1。

多种云状出现时，云量多的云状记在前面；云量相同时，记录先后次序自定；无云时，云状栏空白。

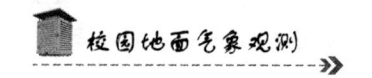

2. 云量的记录

云量的记录按《地面气象观测规范》中的规定：全天无云，总云量记0；天空完全为云所遮蔽，记10；天空完全为云所遮蔽，但只要从云隙中可见青天，则记10－；云占全天十分之一，总云量记1；云占全天十分之二，总云量记2，其余依此类推。

天空有少许云，其量不到天空的十分之零点五时，总云量记0。

低云量的记录方法，与总云量同，如表4.1所示。

3. 云高的记录

《地面气象观测规范》规定：记录云高以米(m)为单位，记录取整数并在云高数值前加记云状。云状只记10个云属和Fc、Fs、Fn 3个云类。云笼罩测站时，按雾记录，若云雾移出测站时，应按云记录。

二、能见度的观测记录

能见度的观测记录以千米(km)为单位，取1位小数，第2位小数舍去，不足0.1千米的记0.0，如表4.1所示。

能见度观测是地面气象观测中的重要观测项目，中小学校在开展气象科技活动时，千万不可忽视。

三、天气现象的观测记录

各种天气现象都是在一定的天气条件下产生的，反映着大气中各种不同的物理过程，是天气变化的体现，也是天气预报的依据之一。观测天气现象既是为了了解当时当地的气候情况，也是为了积累丰富的气象历史资料。因此，《地面气象观测规范》对天气现象的观测和记录有着严格细致的规定。

1. 天气现象观测注意事项

(1)值班观测员应随时观测和记录出现在视区内的全部天气现象。

表 4.1 地面气象观测记录簿

年　月　日

时间			02	08	14	20	合计	平均
能见度				3.5			—	—
总/低云量			/	8/4	/	/	—	—
云状				Cs			—	—
				Cu			—	—
				Cb			—	—
							—	—
				300			—	—
$C_L C_M C_H$							—	—
云高							—	—
风向·风速				N　15			—	—
wwW_1W_2							—	—
降水量	定时			15				—
	RR							—
			读数	订正值	订正后	读数	订正值	订正后	读数	订正值	订正后	读数	订正值	订正后		
干球温度				25												
湿球温度				19.4												
毛发表																
最高温度				28											日最高	
最低温度				16											日最低	
水汽压																
相对湿度																
露点温度															最低温度表酒精柱	
温度计															读数	订正值	订正后
湿度计																	
附属温度																	
气压读数																	
本站气压																	
$T_{12}·Tm$															—	—
海平面气压																	
气压计																	
$a·PP$																	
$\Delta P_{24}·T_{24}$															—	—

观测员：＿＿＿＿　＿＿＿＿　＿＿＿＿　＿＿＿＿

校对员：＿＿＿＿　＿＿＿＿　＿＿＿＿　＿＿＿＿

续表

年　月　日

时　间	02			08			14			20			合计	平均
地　温	读数	订正值	订正后	读数	订正值	订正后	读数	订正值	订正后	读数	订正值	订正后	—	—
0厘米														
地面最高													日最高	
地面最低													日最低	
5厘米														
10厘米														
15厘米														
20厘米														
40厘米														

地面状态		—		—					蒸发	原量	降水量	余量	蒸发量
8时	第一栏	第二栏		80厘米									
冻土深度	上限			160厘米					小型	20	15	31	4
	下限			320厘米					E601B				

雪深	1	2	3	平均	样本重量		平均	
					雪压			

电线积冰	最大			气温	风向	风速	记事	日照时数
	直径	厚度	重量					
南北								
东西								

天气现象	▽ 08:00—09:10　15:05—16:20	备　注

观测员：_____

校对员：_____

夜间不守班的气象站,对夜间出现的天气现象,应尽量判断记录。

(2) 为正确判断某一现象,有时候还要参照气象要素的变化和其他天气现象综合进行判断。

(3) 凡与水平能见度有关的现象,均以有效水平能见度为准,并在能见度观测地点观测判断天气现象。

2. 天气现象的记录规定

天气现象用表4.2中对应的符号记入观测簿。

表4.2　天气现象符号

现象名称	符号	现象名称	符号	现象名称	符号	现象名称	符号
雨	●	冰粒	△	雪暴	✢	大风	⌿
阵雨	▽	冰雹	△	烟幕	⌐	飑	∀
毛毛雨	,	露	⌒	霾	∞	龙卷	)(
雪	✳	霜	⊔	沙尘暴	$	尘卷风	⊗
阵雪	⛇	雾凇	V	扬沙	⇂	冰针	↔
雨夹雪	✲	雨凇	∽	浮尘	S	积雪	⊠
阵性雨夹雪	⛇	雾	≡	雷暴	⚡	结冰	⊦
霰	✶	轻雾	=	闪电	⎆		
米雪	△	吹雪	✢	极光	⍦		

(1) 天气现象按出现的先后顺序记录。下列天气现象应记录开始与终止时间(时、分):雨、阵雨、毛毛雨、雪(霰、米雪、冰粒、雪暴)、阵雪、雨夹雪、阵性雨夹雪、冰雹、雾、雨凇、雾凇、吹雪、龙卷、沙尘暴、扬沙、浮尘、雷暴、极光、大风。

例如:● 08:00—09:10　▽ 16:05—20:00

(2) 飑只记开始时间。凡规定记起止时间的现象,当其出现时间不足一分钟即已终止时,则只记开始时间,不记终止时间。

例如:▽ 13:02　⌿ 15:15

· 111 ·

（3）下列天气现象不记起止时间：冰针、轻雾、露、霜、积雪、结冰、烟幕、霾、尘卷风、闪电。

（4）天气现象正好出现在20时，不论该现象持续与否，均应记入次日天气现象栏；如正好终止在20时，则应记在当日天气现象栏。

（5）夜间不守班的气象站，观测簿中的天气现象栏划分"夜间（20—08时）"和"白天（08—20时）"两栏。夜间出现的天气现象记入"夜间"栏，只记符号，一律不记起止时间；白天出现的天气现象则按上述规定在"白天"栏内记录。

如现象正好出现在08时，不论该现象持续与否，均应记入"白天"栏；如正好终止在08时，则记在"夜间"栏；如现象由夜间持续至08时以后，则按规定分别记入两栏。

（6）凡同一现象一天内出现两次或以上时，其第二次及之后出现的起止时间，可接着第一次起止时间分段记入，不再重记该现象符号。

（7）大风的起止时间：凡两段出现的时间间歇在15分钟或以内时，应作为一次记载；若间歇时间超过15分钟，则另记起止时间。

例如：某日大风实际出现时间是：13：02—13：04，13：06—13：07，13：22—13：25，13：41—13：42，13：44—13：45，则观测簿应记为：⚑ 13：02—13：25，13：41—13：45。

（8）最小能见度的记录规定。沙尘暴、雾、雪暴以及当浮尘、烟幕、霾现象出现能见度小于1.0千米时，都应观测和记录最小能见度，记录加方括号"［ ］"。每一现象出现时，每天只记录一个最小能见度。

最小能见度是指最小有效水平能见度，以米为单位取整数。

例如：☞ 10：15—11：25 [50]　　13：05—13：50
　　　≡ 06：13—07：20 [200]
　　　$ 11：14—13：22　16：10—17：31 [700]

（9）雷暴的观测记录较复杂，现列举之前的记录方式：应从整体出发判别其系统，记录其起止时间和开始、终止方向，切忌零乱记载。

起止时间的记法：以该系统第一次闻雷时间为开始时间，最后一次闻雷时间为终止时间。两次闻雷时间相隔15分钟或以内，应连续记载；如两次间隔时间超过15分钟，须另记起止时间。如仅闻雷一声，只记开始时间。

方向的记法：按八方位记载。以该系统第一次闻雷的所在方位为开始方向，最后一次闻雷的所在方位为终止方向。若雷暴始终在一个方位，只记开始方向；若雷暴经过天顶，要记天顶符号"Z"；若起止方向之间达到180°或以上时，须按雷暴的行径，在起止方向间加记一个中间方向；当起止方向不明或多方闻雷而不易判别系统时，则不记方向。

例如：ᚱ 16:47$_{NW}$—17:20$_W$　17:36$_W$—17:58

　　　ᚱ 13:18$_Z$—13:50$_E$　14:40—15:11
　　　　　　　　　　　　　　　$_{W-Z-SE}$

　　　ᚱ 12:12—13:05
　　　　　$_{W-Z-SE}$

3. 高山站几种特殊情况的记录

（1）记雾时，不记最小能见度。

（2）当云笼罩测站，能见度小于1.0千米时，应作为雾记录。

（3）如雾的浓度变化快，能见度时而小于1.0千米，时而等于或大于1.0千米时，仍可记为雾，但以点线连接。

例如：≡ 07:10—09:30

（4）当孤立的云块迅速掠过测站时，使能见度变化很快，可不作雾记录。

（5）当积雨云笼罩测站时，可能同时出现雷暴、阵雨（阵雪）、毛毛雨、雾、冰雹等多种现象，应照实记录。

4. 纪要栏的记载

（1）当某些强度很大的天气现象在本地范围内造成灾害时，应迅速进行调查，并及时记载。

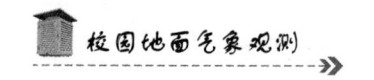

调查内容包括：影响的范围、地点、时间、强度变化、方向路径、受灾范围、损害程度等。

（2）气象站附近的江、河、湖、海的泛滥、封冻、解冻情况。

（3）气象站附近的铁路、公路及主要道路因雨淞、沙阻、雪阻或泥泞、翻浆、水淹等影响中断交通时，应进行调查记载。

（4）气象站视区内高山积雪的简要描述：山名、雪线高度、起止日期（本月内）等。

（5）降雹时应测定最大冰雹的最大直径，以毫米（mm）为单位，取整数。当最大冰雹的最大直径大于10毫米时，应同时测量冰雹的最大平均重量，以克（g）为单位，取整数，均记入纪要栏。

测量方法是：选拣几个最大和较大的冰雹，用秤直接称出重量，除以冰雹数目即得冰雹的最大平均重量。或者将所拣冰雹放入量杯中，待冰雹融化后，算出水的重量，除以冰雹数目就是冰雹的最大平均重量。

（6）本站视区内出现的罕见特殊现象，如海市蜃楼、峨眉宝光等。

（7）当本地范围内进行人工影响局部天气（包括人工降雨、防霜、防雹、消雾等）作业时，应注明其作业时间、地点。

以上内容应详细记载，如表4.1所示，有条件的可用影像记录，存档备用。

校园气象站是夜间和上课时无人值守气象站，对夜间出现的天气现象应该在白天补记，上课时出现的天气现象应该在课后补记，尽量不使记录间断。

第三节　地面气象观测器测项目的记录

一、风向、风速的记录

风向的记录用拉丁文缩写来书写；风速以米/秒为单位，取整数填写，如表 4.1 所示。

二、空气温度的记录

（1）温度表读数要准确到 0.1 ℃。气温 0 ℃ 以下时，应加负号（"－"）。读数记入观测簿相应栏内，并按所附检定证进行器差订正。如示度超过检定证范围，则以该检定证所列的最高（或最低）温度值的订正值进行订正。

（2）最高气温在每天的 20 时观测，观测后要进行调整。

（3）最低温度在每天的 20 时观测一次，观测后要进行调整。

空气温度的记录如表 4.1 所示。

三、空气湿度的记录

1. 用干湿球温度表来测量空气的湿度

测量空气湿度通常用干湿球温度表。湿度观测时有以下几种情况：

（1）正常观测。温度表读数要准确到 0.1 ℃。温度在 0 ℃ 以下时，应加负号（"－"）。读数记入观测簿相应栏内。

（2）溶冰观测。当湿球纱布冻结时，应及时从室内带一杯蒸馏水对湿球纱布进行溶冰，待纱布变软后，在球下部 2～3 毫米处剪断，然后把湿球温度表下的水杯从百叶箱内取走，以防水杯冻裂。

读取干湿球温度表的示值时，须先看湿球示度是否稳定，达到稳定不变时才能进行读数和记录。在记录后，用铅笔侧棱试试纱布软硬，了解湿球纱布是否冻结。如已冻结，应在湿球读数右上角记录结冰符号"B"；如未冻结则不记。

（3）低温情况下的观测。气温在 －10.0 ℃ 以下时，停止观测湿球温度，改用毛发湿度表或湿度表测定湿度。但在冬季偶有几次气温低于 －10.0 ℃ 的地区，仍可用干湿球温度表进行观测。

气温在-36.0 ℃以下，接近水银凝固点（-38.9 ℃）时，改用酒精温度表观测气温。酒精温度表应按干球温度表的安装要求事先悬挂在干球温度表旁边。如果没有备用的酒精温度表，则可用最低温度表酒精柱的示度来测定气温。

（4）在非结冰季节湿度很大或有雾时，湿球温度偶有略高于干球温度的现象（指经仪器差订正后的数值），这时湿球温度应作为与干球温度相同，进行湿度计算。

2. 用毛发湿度表测量空气的湿度

在观测毛发湿度表时，视线要通过指针并与刻度盘平行，读出指针所在刻度线的度数，取整数记入观测簿相应栏目中。

四、用雨量器测量降水的记录

通常情况下，降水观测的时间是在每天08时和20时，分别量取前12小时降水量，以毫米为单位保留整数。如果当天降水量很大，要分成多次进行量取，然后求出12小时降水的总和。

五、蒸发量的测量

测量蒸发量是在每天的20时进行，记录方法见表4.1。

第四节 地面气象观测资料的整理与统计

地面气象观测所获取的各种气象要素的数据，还仅仅是原始资料。这些资料还不能明显地表示气候变化的特点，有些资料甚至不能被直接利用。因此，中国气象局规定各气象站必须对这些原始资料进行统计、整理和编绘。经过整理的资料才能显示出能够说明当地气候特征的各种气候指标，才具有可用性，不同地区的资料才具有可对比性，在对资料利用和比较分析的过程中才具有直观性，才能为生产和科研提供有效服务。

为使校园气象站的观测活动也具科学性、社会性，体现观测资料的有效价值，也要对地面气象观测获取的原始资料按中国气象局的规定进行统计、整理和编绘，使之成为符合气象科学标准的历史资料档案。

一、气象观测资料的处理

一般气象站规定每天4次观测，夜间有人值守。校园气象站限于条件，夜间无法安排人员值守，造成了02时气象记录缺测，夜间出现的天气现象无法记录，这给气象资料的统计与整理造成困难，所以在统计整理之前，必须先对02时缺测记录和夜间天气现象进行处理。

（1）气压、气温、湿度取正点前、后10分钟内接近正点订正后的自记记录来代替。

（2）风向、风速取记录器自记纸上的记录来代替，风速取正数，小数四舍五入。

（3）水汽压、露点温度的记录用订正后的自记气温和自记相对湿度，查《湿度查算表》中反查求得数值来代替。

（4）地面0厘米温度用当日地面最低温度加前一天20时地面温度之和的二分之一来代替，5厘米和10厘米地温分别用当日08时记录来代替。

（5）02时能见度、总低云量、云状、云高、6小时降水量、湿球温度、毛发湿度表读数、最高气温、附温、气压表读数和15厘米、20厘米和40厘米地温栏均空白，有关记录作一日三次统计。

对夜间出现的天气现象应尽量判断，并按天气现象的顺序记入"夜间"栏中，只记符号不记起止时间，如：夜间风速自记记录出现10分钟平均风速不小于17秒/米，应补记大风。

二、基本气候指标的统计方法

在气象资料的整理过程中，不同的气象要素有不同的气候指标要求，综合起来有总数、平均值、众数、中位数、极值、较差、距平、频率等八种。

（1）总数。日照、降水、积温等气象要素需要用总数来表示，总数就是要统计该气象要素在某一时段（日、月、年）内出现的总和，如将某月内每日降水量相加之和就是某月降水量的总数。

（2）平均值。通常有算术平均值和滑动平均值两种统计方法。算术平均值就是将某一气象要素的观测记录资料逐次、逐日、逐月或逐年累加，除以相加次数就是某一气象要素观测记录的平均值，算术平均值有候平均值、旬平均值、月平均值和年平均值等；滑动平均值就是统计某一气象要素 10 年变化平均值，以某地降水量统计为例，第一年从 1931 年至 1940 年求 10 年平均值，第二年从 1932 年至 1941 年……依此类推而滑动统计计算，这是研究气候长期变化经常采用的方法。

（3）众数。某一气象要素的一系列数值中出现次数最多的最能代表大多数情况的数值即为众数，如风向，只有众数意义而没有平均值和总数意义。

（4）中位数。把某一天气要素在某一时段内所测得的数值按大小顺序排列，组数是奇数的取中间数值作为中位数；组数为偶数的取中间两数平均值作为中位数。

（5）极值和较差。观测时间内所出现的最大值或最小值称为绝对极值，某月某日出现的最大或最小的算术平均值称为平均极值；较差也称振幅，是指同一时期内某气象要素出现的最大值和最小值之差，如日较差、年较差等。

（6）距平和变率。个别年（月）份气象要素的平均值与多年（月）平均值之差称为距平，又称离差、距常；平均距平称为绝对变率，平均距平与年平均的百分比称为相对变率。

（7）频率和保证率。某气象要素在一定时段内出现的次数与该时段观测总次数的百分比称为频率；某气象要素在长时期内确定不小于（或大于）某一数值的频率称为保证率，用来表示某一气象要素出现时的可靠程度。

三、气候统计图的绘制

为了能使统计整理后的气象资料更加醒目，更能显示资料特色，便于让使用者一目了然，还可以把气象资料绘制成统计图，如饼图、曲线图、直方图和多边形图等。

（1）饼图。图为圆形，以整个圆形面积代表某一气候要素值出现的总次数，在圆内用扇形面积表示这一要素在不同情况下出现次数的相对值（百分比）。

（2）曲线图。有些连续变化比较强的气象要素，常用曲线图表示，绘制气象要素变化曲线图，以横坐标表示日期，纵坐标表示气象要素，例如气温等。

（3）直方图。有些连续性变化比较差的气象要素常用直方图表示，绘制气象要素变化直方图，以横坐标表示月份，纵坐标表示月平均数值。

（4）多边形图。也称极坐标图或风向玫瑰图，多用来表示风向频率，绘制的方法是：由中心向外画出几个同心圆，用以代表风的频率值，再从中心引出八条线代表八个方位，连接各方位频率，这种图就可以很明显地看出该地某一时期各风向频率的大小了。

四、气象月报表的编制

气象台站每天观测的数据记录在观测记录薄上和自记仪的自记纸上，这是地面气象观测的原始资料。原始资料要按《地面气象观测规范》要求每天进行整理，到每个月月终要将这个月每天整理好的资料统计编制成月报表，即《地面基本气象观测月报表》（简称气表—1）。月报表的统计整理方法是：

（1）应将气温、气压、水汽压、相对湿度、云量、地温等项目做成各定时（02时、08时、14时、20时）及日合计、日平均，每旬应做旬计、旬平均，月终应做月合计、月平均，旬、月合计平均值用纵行统计，各日合计、日平均值作横行统计。

（2）月报表应按规定的格式进行填写，按《地面气象观测规范》规定方法进行统计，做到逐日抄录、旬清月结，切实做好抄录、校对、初算、复算，严格预审确保质量。

（3）要认真填写月报表规定的各栏目，要求用黑或蓝黑墨水，数字、符号、文字要求工整、清晰并保持整洁。

（4）月报表应在次月10日之前编制完毕并上报，不得延误，校园气象站最好能争取参加气象业务部门的报表报审，借以取得专业指导。

（5）月报表的封面应填写年份、月份、单位名称、单位详细地址、本站所处经度、纬度、海拔高度等，同时站长、副站长、抄录、校对、初算、复算、预审等报表编制人员都应签名。

（6）月报表各栏目内容都要从气象观测记录簿中和自记仪的自记纸上抄录，而且这些记录都要求是已经经过处理的原始记录，不得臆造。

（7）用计算机编制报表的单位，打印前要认真检查核对，严格把好质量关，其他都与人工编制报表的规定一样执行。

五、年报表的编制

《地面基本气象观测年报表》（简称气表-21）是以《地面基本气象观测月报表》为基础进行编制的，也分人工编制和计算机编制两种，年报表的统计编制方法是：

（1）年报表是以经过审核的月报表作为依据，按照编制月报表的方法进行编制，各栏目中的指标都要从 1—12 月各月报表的相应栏目指标中逐候、逐旬、逐月地录入。

（2）气象地面观测月报表和年报表中都有关于候的统计栏目，我国地面基本气象观测资料规定按 72 候的方法进行统计，每旬两候，每月六候，即每月 1—5 日为第一候，6—10 日为第二候……依此类推，26 日至月末为第六候，第六候遇大月 6 天，遇小月 5 天，2 月平年 3 天，闰年 4 天，各候日期固定，全年 72 候。

（3）年报表中有"现用仪器"栏目，要录入全年中使用的主要仪器的名称、规格型号、生产厂家名称、检定日期等，年内调换过的仪器，要填写年内最后使用的仪器。

（4）年报表的封面填写方法也和月报表封面的填写方法相同。

（5）用计算机编制年报表的单位，要求也与月报表的编制相同。

（6）年报表应于次年的 3 月份以前编制完毕并上报上级气象业务部门审核。

地面气象观测记录、地面气象自动记录仪的记录、自动气象站的记录、地面基本气象观测月报表和地面基本气象观测年报表都是气象台站所积累的气象情报资料原始档案，是国家的宝贵财富，校园气象站的工作人员也要学习专业气象工作者，认真做好气象要素的观测、观测数据的记录和年、月报表的编制，并妥善存档保管。

第五章　校园气象档案的建立与保存

档案是社会组织或个人在以往的社会实践活动中直接形成的具有清晰、确定的原始记录的固化信息，也就是清晰、确定的原始记录性信息。档案是人类文明的伴生物，是传承和延续人类历史文化的社会现象。档案是行政机关管理和业务工作的查考凭据，是生产活动的参考依据，是科学研究的基础依据，是宣传教育的生动素材。

气象档案是指记述和反映气象部门业务技术、科学研究等活动中形成的、具有保存价值，并按照归档制度作为真实的历史记录保管起来的科技文件材料。如原始记录、加工资料、图表、文字材料、磁带、缩微品、音像等，它是气象业务、服务和科研工作的基础资料，也是国家经济建设、国防建设和科学研究的重要信息资源。

校园气象档案是记述和反映学校在开展气象科普教育和气象科技活动过程中形成的、具有一定保存价值的，并按照归档制度与方法保管起来的历史文件资料。它是学校气象科普教育的历史记录、历史传承、科技探究、持续发展等极其重要的记载。

第一节　校园气象档案的内容与分类

校园气象档案是气象科普教育的重要工作内容之一，是一种以校园气象科普教育和气象科技活动信息记录为主体的学校专门档案，是在校园气象科普教育和气象科技活动的实践中，按照专业气象部门科技档案的规定，结合校园气象科普教育和气象科技活动的特点形成的。校园气象档案大致可以分为以下两大类。

一、校园气象观测档案

校园气象观测是校园气象科普教育和气象科技活动的重要组成部分，也是一项相当复杂细致的活动。因此，校园气象观测也必须分类建档，并可分为以下几类：

1. 校园气象站建站档案

校园气象站建设档案包括以下要素：

（1）建站方案：学校建立校园气象站的总体文字方案。

（2）建站图纸：表达气象站观测场位置、面积、仪器布局的平面设计图。

（3）建站时间：动建日期和竣工日期。

（4）本站位置：经纬度、海拔高度。

（5）本站规模：标明是人工、自动、综合还是大型校园气象站。

（6）技术要求：观测场、仪器、安装等技术标准。

（7）规章制度：气象站工作制度、观测制度、观测员值班制度、观测员守则、交接班制度等。

（8）值日轮流表：辅导老师轮流表、学生气象观测轮流表。

2. 气象站仪器装备档案

气象站仪器装备档案包括安装在室外和室内的观测仪器、存储的备用仪器、消耗品、观测工具、气象科普图书、技术资料以及办公用品、家具等。

3. 气象观测组织架构档案

气象观测组由两类人员组成，一是辅导员老师，二是参与的学生。辅导员老师在担任辅导工作期间要有详细记录，如：老师本人的概况，担任辅导员的起止时间等。参与的学生要有全体成员的名单，其中还要有各个岗位任职学生的名单。老师的名单有时数年不变，但学生的名单一般会一年一变，所以必须一年一换，同时将站长、副站长、小组长的名单一并列出，存入档案。

4. 气象观测数据档案

气象观测数据档案有如下几项内容：

（1）地面气象观测记录簿。记录学生每天多次人工观测和自动观测所记录的数据。

（2）气象数据报表。包括气象数据月报表、气象数据年报表。

（3）气象图表。包括用气象数据统计的统计表、曲线图、柱状图、风向玫瑰图等。

二、校园气象科技活动档案

校园气象科技活动是一项内容丰富、空间广泛的长期性活动。这项活动的组织、开展和进行是一系列相当复杂细致的过程，而且可以运用的方式极多。要把这些相当复杂细致的活动过程信息进行记录建档，还必须进行分门归类。因此，校园气象科技活动档案大致可以分为下列几类：

（1）校园气象科技活动组织构建档案。

（2）年度校园气象科技活动计划部署与总结档案。

（3）校园气象科技教育档案。

（4）校园气象科技探究性课题档案。

（5）普及性校园气象科技活动档案（包括：气象科技论文、气象征文、气象知识竞赛、探究性气象科技学习、气象调查、气象夏令营活动等小分类档案等）。

（6）校园气象科技活动荣誉档案。

此外，各学校还可以根据各自所开展的气象科技活动特色再行分类建档。

第二节 校园气象档案的整理

对于各种档案的建立，国家和行业都有具体的标准和规定。如：《归档文件整理规则》《科学技术档案案卷构成的一般要求》《气象档案记录管理规定》等技术标准文件，就是档案整理、编制、管理的纲领性指导文件。校园气象档案，虽然不必要像行业技术档案那样严格、详细、周密，但也应该有一个相应或相对的规则与方法。根据相关文件精神的规定与要求，提出如下的格式与方法，供建立校园气象档案的单位参考。

一、校园气象档案的整理

校园气象档案的整理，就是对已经办理完毕的、具有保存价值的文件材料进行系统化、条理化处理的过程。这个过程的基本要求是：遵循文件材料的形成规律和特点，保持文件材料的原始面目；区分文件材料的存档价值；确定文件材料的归档位置。

校园气象档案的整理有两种基本方法：

（1）以案卷形式进行整理。

以案卷形式进行整理就是立卷，即按照文件材料在形成和处理过程中的联系将其组合成案卷。所谓案卷，就是一组有密切联系的文件的组合体。立卷是一个分类、组合、编目的过程。分类即按照立档单位的档案分类方案，对文件材料进行实体分类；组合即将经过分类的文件材料，按一定形式组合起来；编目即将经过组合以后的文件材料，进行系统排列和编目。

（2）以单件形式进行整理。

以单件形式进行整理就是按照文件材料形成和处理的基本单位进行

整理。一般来讲，一份文书材料、一张图纸或照片、一盘录音带或录像带、一本表册或证书、一面锦旗、一座奖杯等都是一个单件。以单件形式进行整理的文件材料还要归入案卷。

二、装订、编目和装盒

为了便于保存与管理，整理完毕的文件资料还要进行装订、编目和装盒，这样才能形成完整的档案。

1. 装订

以单件形式整理的文件资料要进行装订，装订材料应符合档案保护的要求，严禁用铁钉来装订。装订时，先把原稿收拾整齐、打孔，然后用特制的装订线扎紧成书本状。

2. 编目

装订完毕的文字材料，要用特制的封面纸来制作档案封面。并且要在封面上为档案进行编目。编目的内容与方法是：

（1）文号：填写文件的顺序号。

（2）题名：填写文件的标题。

（3）日期：填写文件形成的日期，以 8 位阿拉伯数字标注年、月、日，如 20200303。

（4）页数：填写归档文字材料的页数。文件中有图文的页面为一页。

（5）备注：填写注释文字材料需说明的情况。

（6）整理人：即档案整理者签名。

3. 装盒

装订、编目完成的文字材料要按编件号顺序装入档案盒，每盒装满后再换下一盒，并填写档案盒封面、背脊和备考表项目。

（1）档案盒的封面要填写全宗名称。

（2）档案盒的背脊要填写档案名称与盒号。盒号即档案盒的排列顺序号。

（3）备考表置于盒内文件之后，表中的内容是：盒内档案情况说明（填写盒内文件缺损、修改、补充、移出、销毁等情况）；整理人（负责整理归档文件的人员姓名）；检查人（负责检查归档文件整理质量的人员姓名）；日期（归档文件整理完毕的日期）。

第三节　校园气象档案的保存与管理

校园气象科技档案的保存要有专门的场所。鉴于中小学气象科技活动的特点，这个场所可以有两种形式：一种是专用箱柜式档案存储柜；一种是玻璃柜台式档案陈列柜。前者是为了使档案能够长久保存便于使用；后者是为了便于相关单位检查、参观与交流。但不管使用哪种方式保存档案，都必须设置防潮、防腐、防蛀、防损、防盗、防火、防尘、防晒等措施；要与易燃、易爆、易染等物品严格隔离，严禁使用非防潮的地下室；同时还要保持库房适当的温度和相对湿度。

校园气象科技档案的管理必须遵循以下规定：

（1）校园气象科技档案要有专人负责保管与管理。

（2）对接收归档的档案，要及时登记和整理，按照分类和编目存放到指定位置。

（3）归档后不得任意修改。如果必须修改时，要由整理人与有关科技人员共同负责进行，还必须履行一定程序的审批手续。

（4）要建立定期检查制度，遇有特殊情况，应进行全面或重点检查，做出详细记录，发现档案破损，要及时修补或复制。管理人员调动时，应办理移交手续。

（5）要建立校园气象科技档案使用制度。借阅、复制、供应要有批准、检查手续。借阅科技档案的人员，应保持案卷的完整与安全，不得转借、拆散、涂改、抽换、损坏、丢失和泄密。档案管理人员对归还的案卷应详细检查、注销。

　　校园气象科技档案是中小学开展气象科技活动的客观真实记录，是学校实施科技教育和素质教育的历史依据。它不但凝聚了师生们长期艰辛的劳动，客观地记录了他们的教育学习理念、思想品德和行为规范，而且还储存了大量的成功经验和失败教训；它还是中小学生进行气象科技探究的可靠资料和实施素质教育的生动素材。它的凭证价值和情报价值将在学校的科技教育中得到充分体现。

　　目前，我国已有部分中小学开始建立校园气象科技活动档案，但还不够完整，还需进一步完善。为了使我国中小学气象科技活动能够长期地、持久地开展下去，建议广大中小学都要着手建立相对完备的校园气象科技活动档案。

参考文献

中国气象局，2003.地面气象观测规范［M］.北京：气象出版社.

中国气象局，2005.地面气象观测数据文件和记录簿表格式［M］.北京：气象出版社.

后 记

近年来，由于科学技术的飞速发展，地面气象人工观测仪器淡出了历史舞台，替之获取近地面大气各种气象要素变化数据的是四要素、六要素或更多要素的自动气象站。气象部门原本庞大的人工观测队伍已另作安排。随之，地面气象人工观测技术也再无用武之地，并失去了衍传。

然而，气象部门和校园气象科普教育，对于气象要素数据的获取持有两个截然不同的理念，气象部门的理念是：不讲究过程而讲究结果，也就是严格要求数据获取的准确性；而校园气象科普教育的理念是：不讲究结果而讲究过程，也就是说对于获取的数据准确性不是特别追求，而对于获取数据的过程却特别重视与讲究。

这样，气象部门普遍设立自动气象站，省略了人工观测的环节，获取了比较科学准确的数据，满足了天气预报和科学研究的要求。而自动气象站的问世，对于校园气象科普教育来说，失去了动手实践的绝佳过程，所获取的科学数据，除了可供科学探究使用以外，就没有太大的意义了。因此，实施气象科普教育的校园必须建立地面气象人工观测站，必须重拾人工气象观测的过程。

我从事多年校园气象科普教育研究，大量的历史事实证明，地面气象人工观测对于学生树立科学观念、传承科学精神、培养科学态度、掌握科学技术、提高全面素质等具有不可替代的巨大作用，也对地面气象人工观测技术的远离深感遗憾。

2016 年初，我怀着对校园气象科普教育和地面气象人工观测技术的深厚情结，编出了二级目录，向气象出版社提出出版《校园地面气象观测》一书的要求，立即得到了出版社的大力支持，并列入了出版计划。

我凭着自己曾经多年担任过地面气象观测员的经验，深入研究了新中国成立后使用的多种版本的《地面气象观测规范》，请教过多位资深的地面气象观测员和多位校园气象辅导员。经过一年多时间的不懈努力，终于编撰完成了《校园地面气象观测》一书的初稿。

感谢气象出版社对我国校园气象科普教育的大力支持与深切关爱！感谢国家气候中心首席专家任国玉老师在百忙之中欣然为本书作序！

相信本书的出版面世，将为推动和发展我国校园气象科普教育发挥积极作用。

作者

2020 年 6 月 1 日